Practice in the Basic Skills

Contents

Number	Addition	2
	Number families	6
	Subtraction	8
	Addition – number lines	11
	Subraction – number lines	12
	More and less than	13
	Using the equalizer	14
	Addition – number ladder	15
	Subraction – number ladder	16
	Addition and subraction – mapping	17
	The hundred square – tens	18
	The abacus – tens and ones	19
	More tens and ones	20
	Addition and subraction – tens and ones	21
	Groups of two	22
	Groups of three	24
	Groups of four	26
	Groups of five	28
	Groups of six	30
	Dividing by two	32
	Dividing by three	33
	Dividing by four	34
	Dividing by five	35
	Dividing by six	36
	Division with remainders	37
Money	How much?	38
	Using 1p, 2p and 5p coins	41
	Making 10p	42
	Shopping with 10p	43
	Addition to 10p	44
	Change from 5p	45
	Change from 10p	46
	How much?	47
	Using 10p, 5p, 2p and 1p coins	48
	Values up to 20p	49
	Shopping with 15p; Shopping with 20p	51
	The cake shop	55
	The sweet shop	56
Time	Time – o'clock	57
	Time – half past	58
	Time – quarter past	59
	Time – quarter to	60
	The calendar	61
Length	Length	62
Mass	Mass	63
Graphs	Graphs – pictograms	64
	Answers	65

Addition

How many?

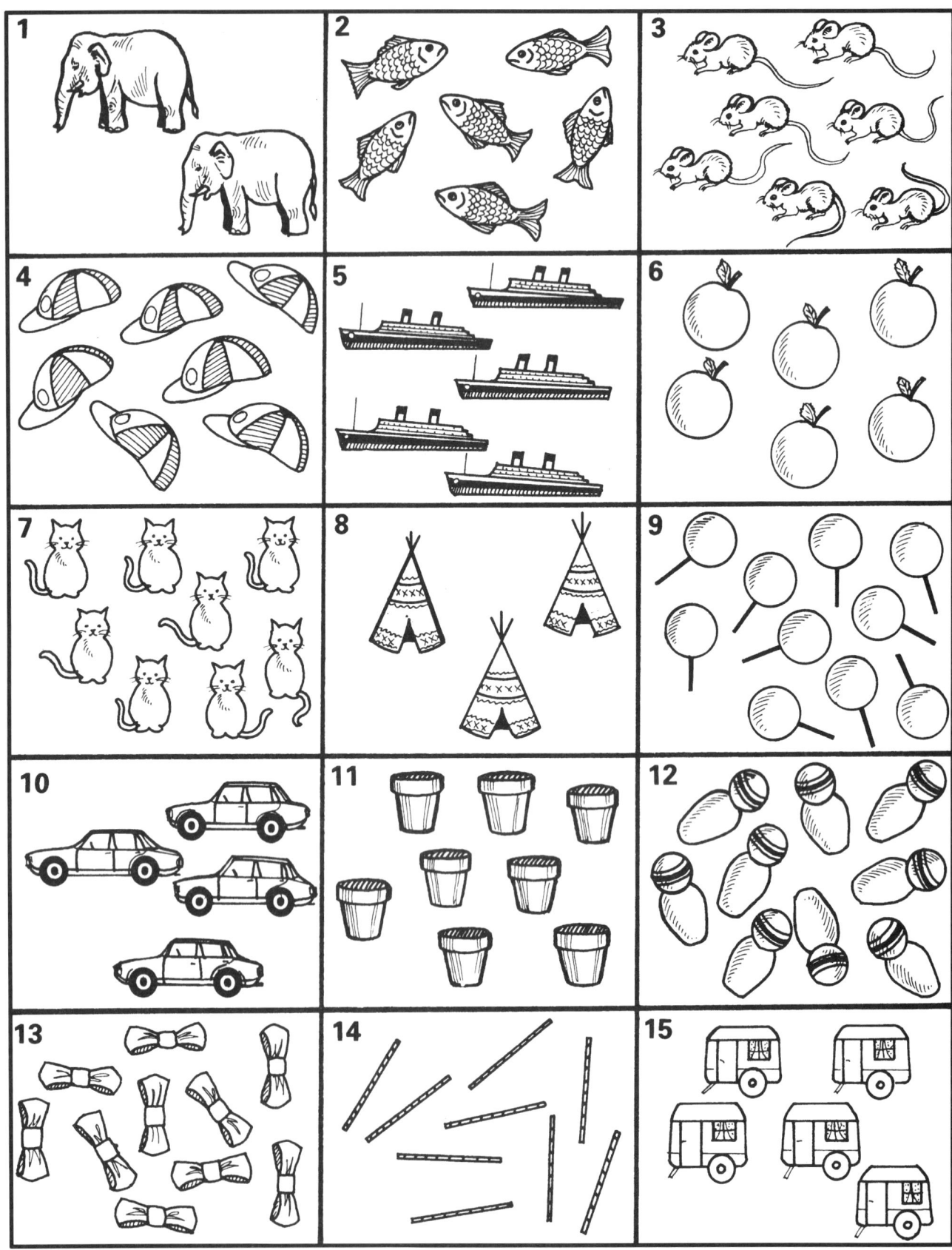

Addition

How many altogether?

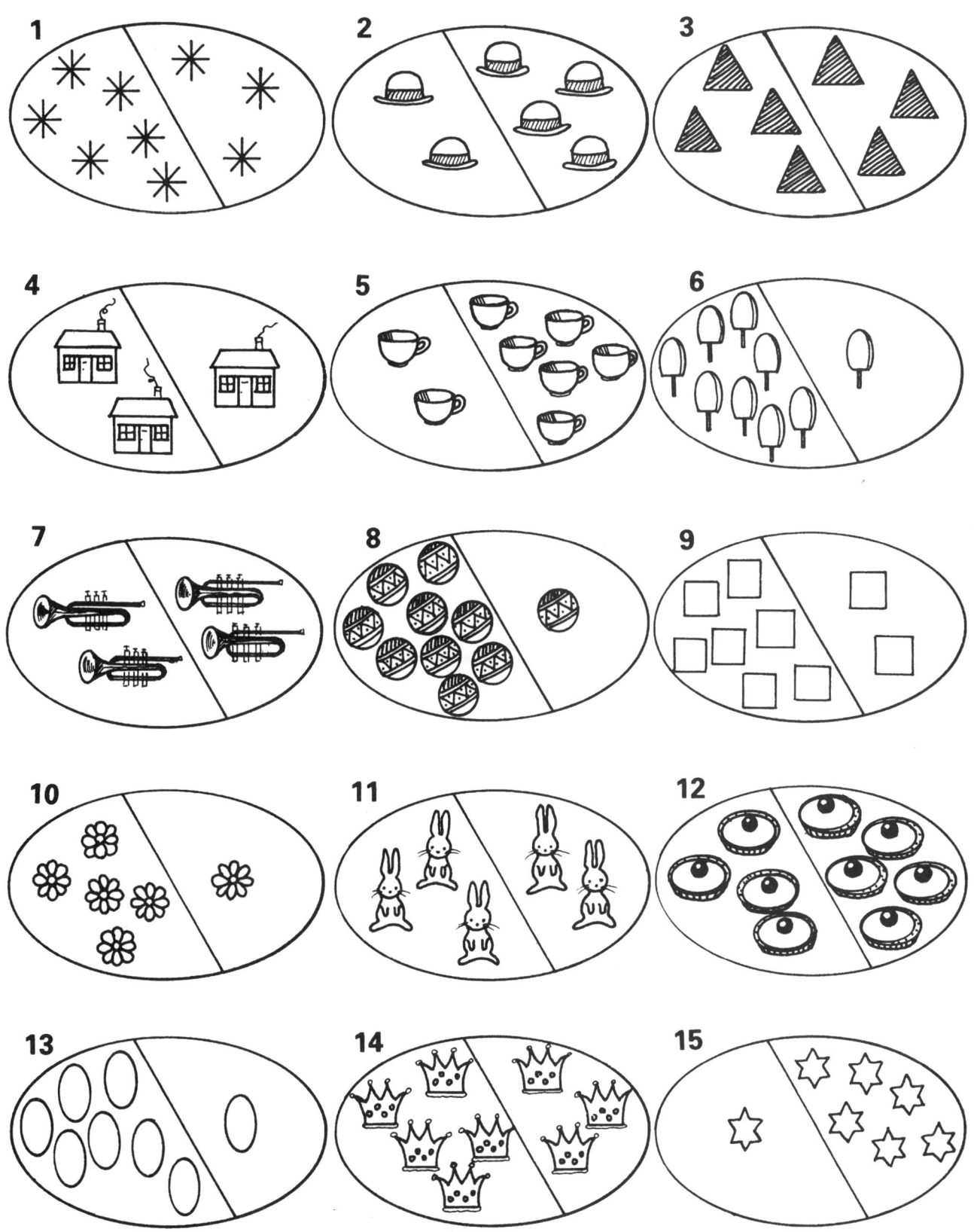

Addition

Copy and complete.

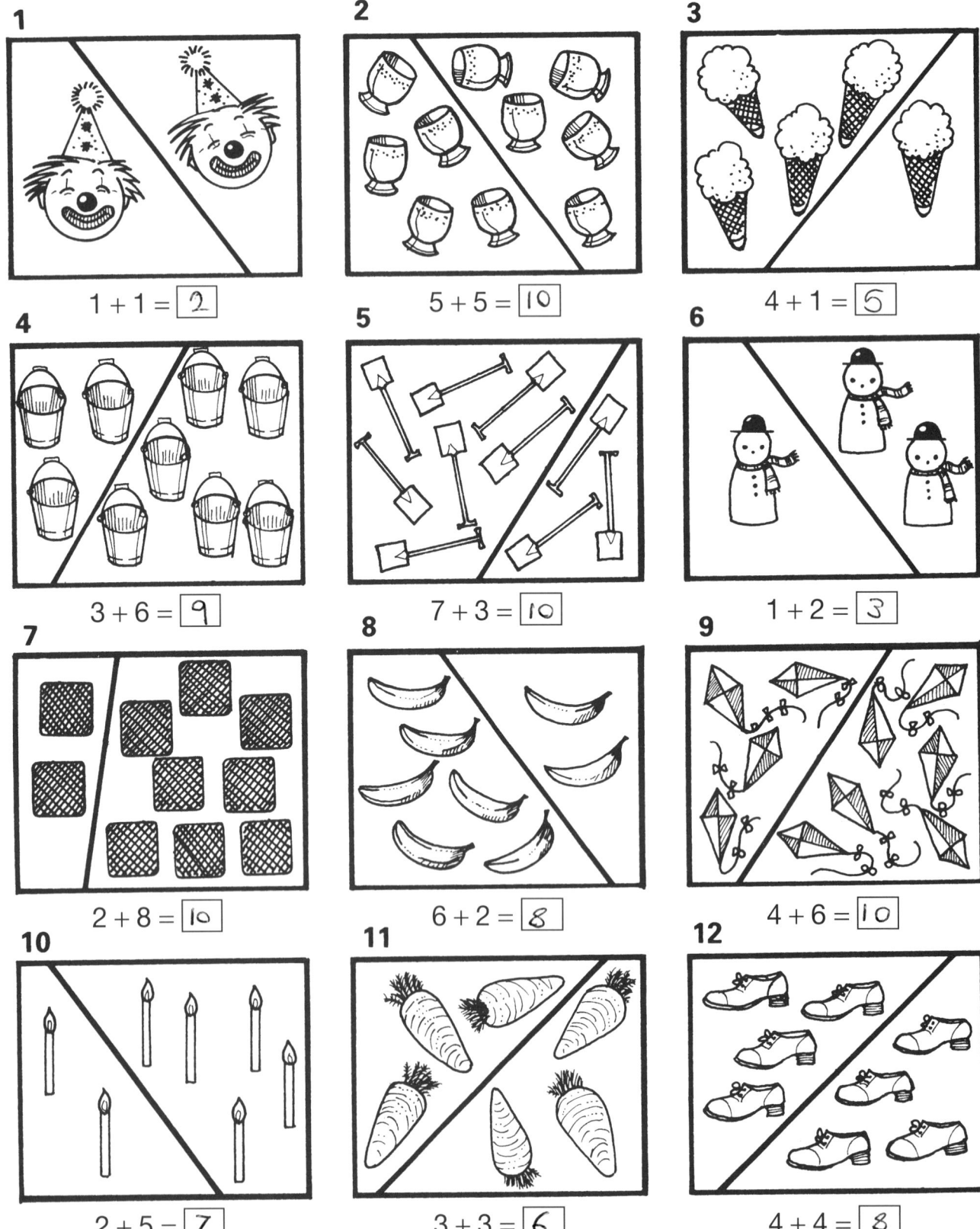

Addition

Write your own number sentences.

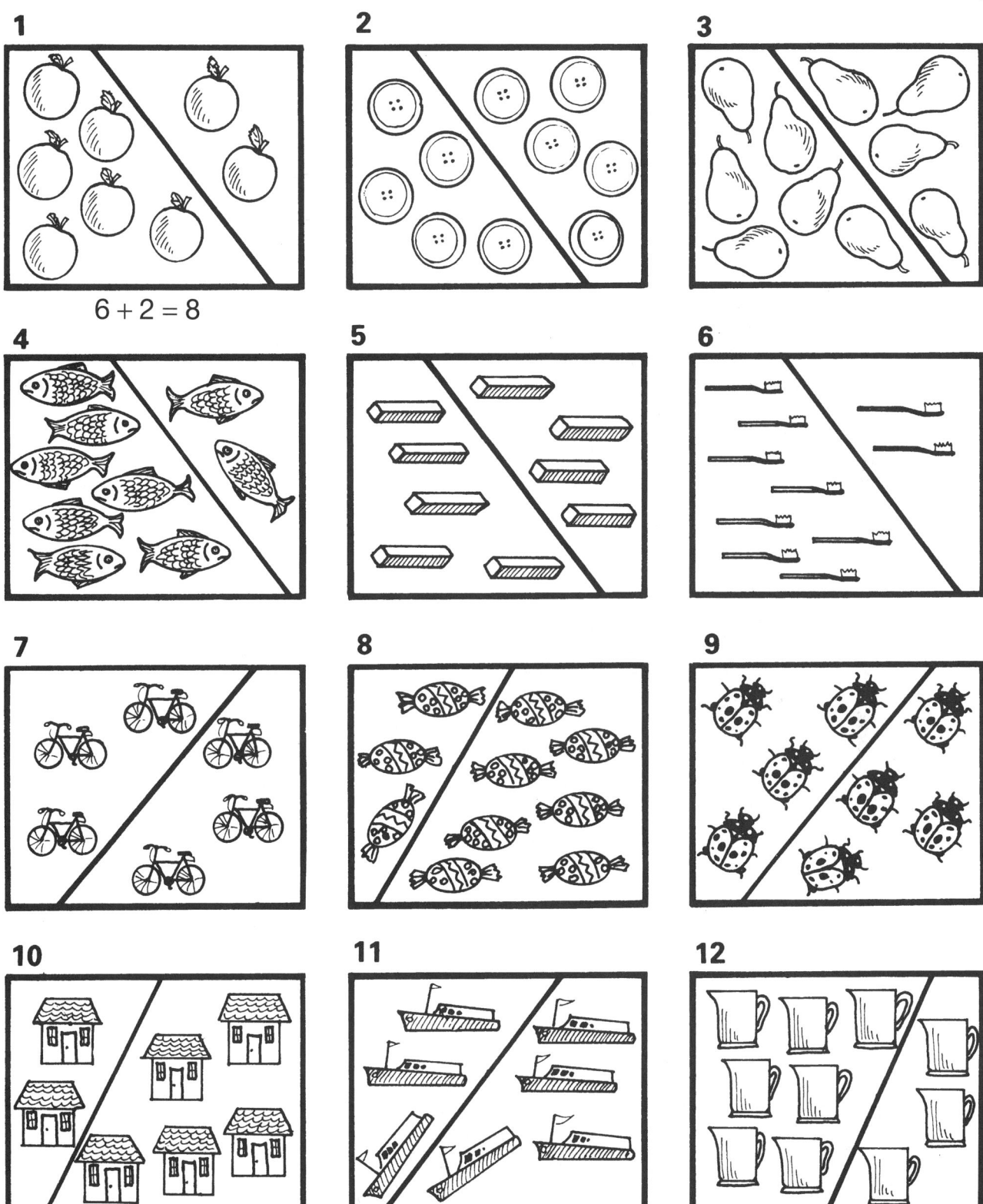

1. $6 + 2 = 8$

Number families

A Write the 5 family.

$\boxed{5} + \boxed{0} = 5$
$\boxed{1} + \boxed{4} = 5$
$\boxed{2} + \boxed{3} = 5$
$\boxed{3} + \boxed{2} = 5$
$\boxed{4} + \boxed{1} = 5$
$\boxed{0} + \boxed{5} = 5$

B Write the 6 family.

$\boxed{} + \boxed{} = 6$
$\boxed{} + \boxed{} = 6$
$\boxed{} + \boxed{} = 6$
$\boxed{} + \boxed{} = 6$
$\boxed{} + \boxed{} = 6$
$\boxed{} + \boxed{} = 6$
$\boxed{} + \boxed{} = 6$

C Write the 7 family.

$\boxed{} + \boxed{} = 7$
$\boxed{} + \boxed{} = 7$
$\boxed{} + \boxed{} = 7$
$\boxed{} + \boxed{} = 7$
$\boxed{} + \boxed{} = 7$
$\boxed{} + \boxed{} = 7$
$\boxed{} + \boxed{} = 7$
$\boxed{} + \boxed{} = 7$

D Write the 8 family.

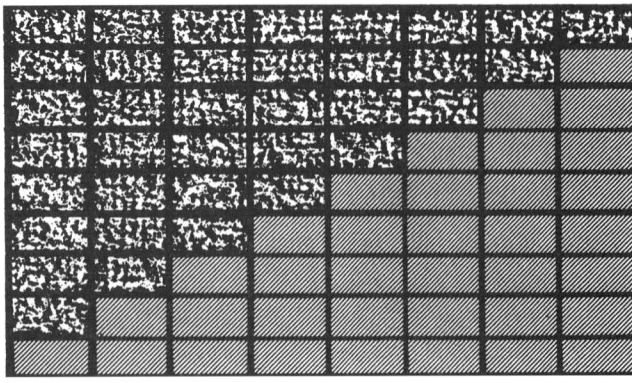

$\boxed{} + \boxed{} = 8$
$\boxed{} + \boxed{} = 8$
$\boxed{} + \boxed{} = 8$
$\boxed{} + \boxed{} = 8$
$\boxed{} + \boxed{} = 8$
$\boxed{} + \boxed{} = 8$
$\boxed{} + \boxed{} = 8$
$\boxed{} + \boxed{} = 8$
$\boxed{} + \boxed{} = 8$

Number families

A The 9 family.

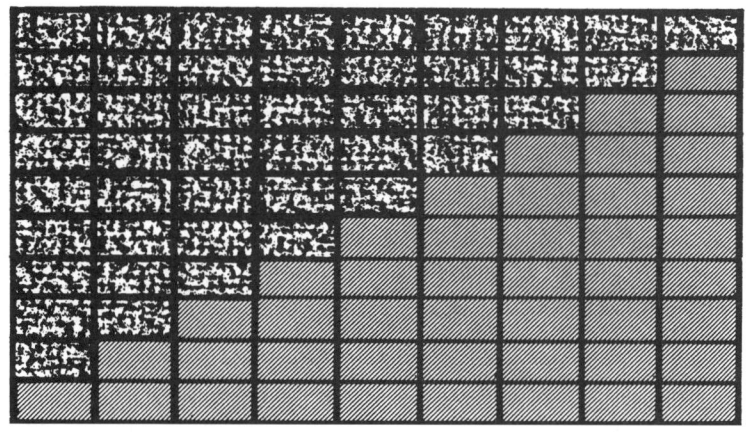

☐ + ☐ = 9
☐ + ☐ = 9
☐ + ☐ = 9
☐ + ☐ = 9
☐ + ☐ = 9
☐ + ☐ = 9
☐ + ☐ = 9
☐ + ☐ = 9
☐ + ☐ = 9
☐ + ☐ = 9

B The 10 family.

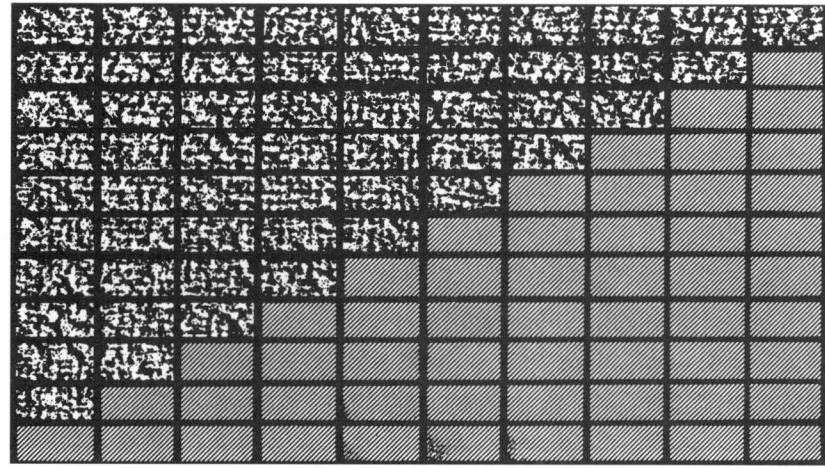

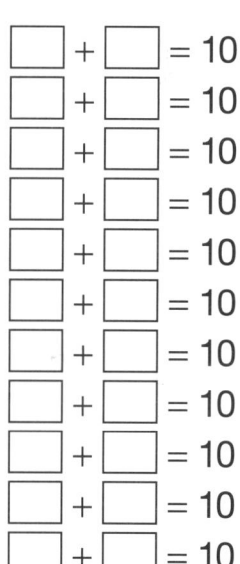

☐ + ☐ = 10
☐ + ☐ = 10
☐ + ☐ = 10
☐ + ☐ = 10
☐ + ☐ = 10
☐ + ☐ = 10
☐ + ☐ = 10
☐ + ☐ = 10
☐ + ☐ = 10
☐ + ☐ = 10
☐ + ☐ = 10

C Write the missing numbers.

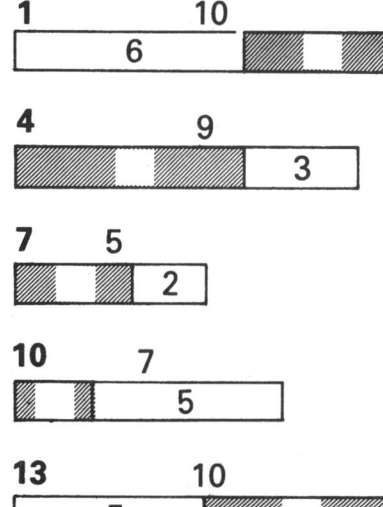
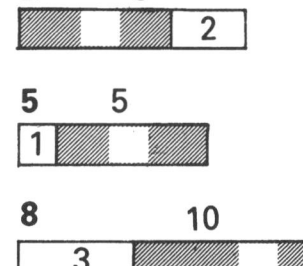
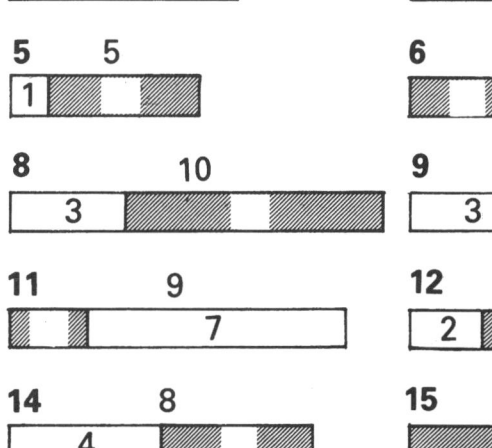
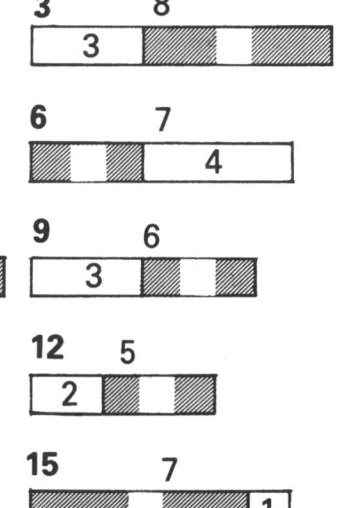

7

Subtraction

How many left?

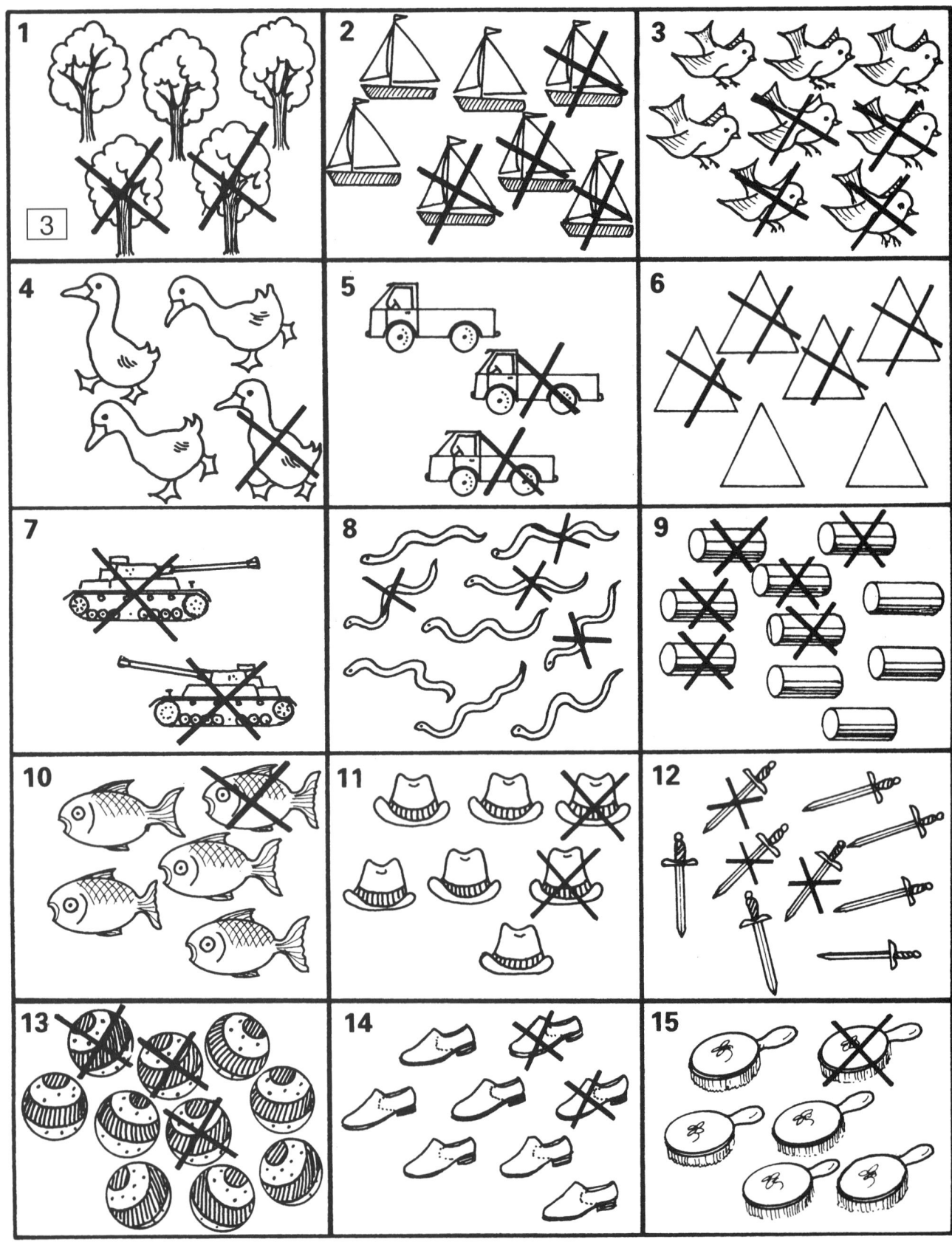

Subtraction

Complete the number sentences.

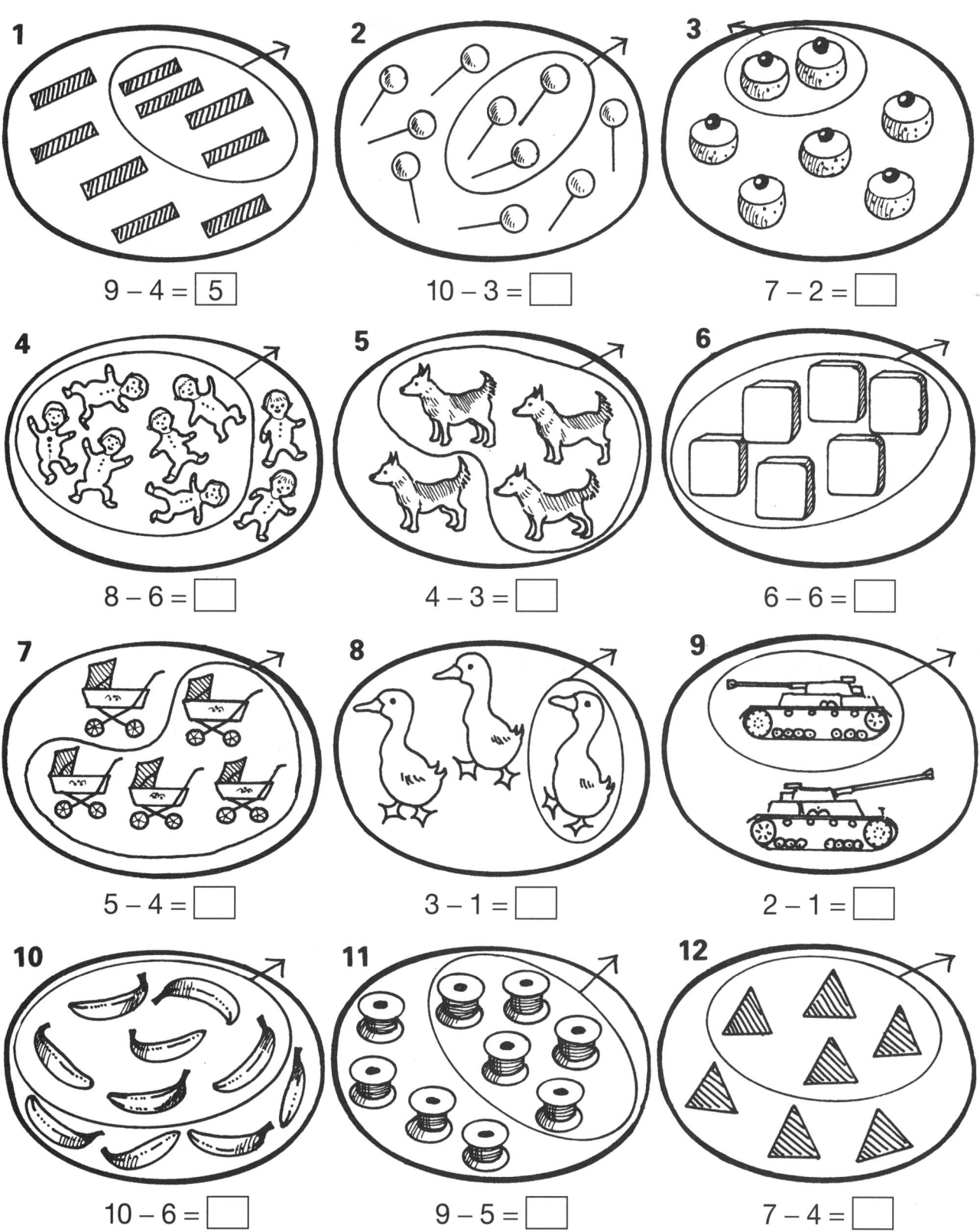

Subtraction

Write your own number sentences.

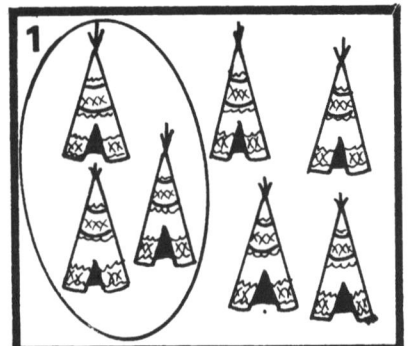

$7 - 3 = 4$

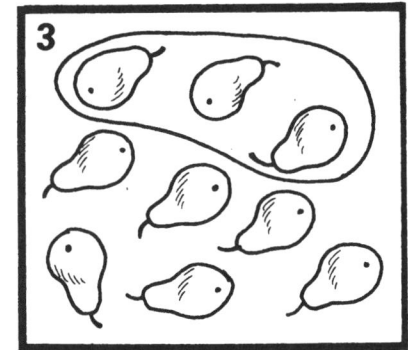
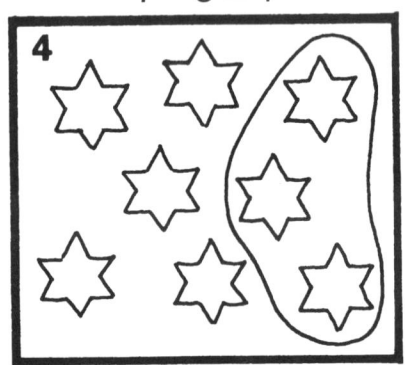

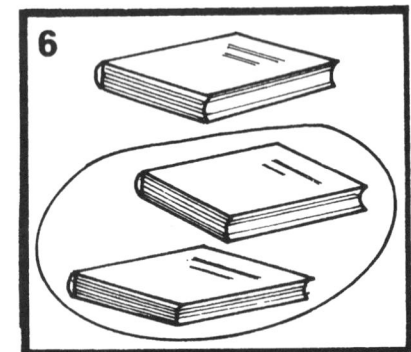

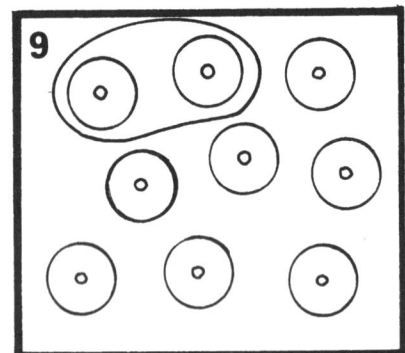
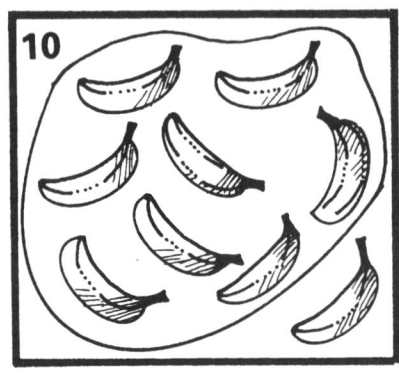
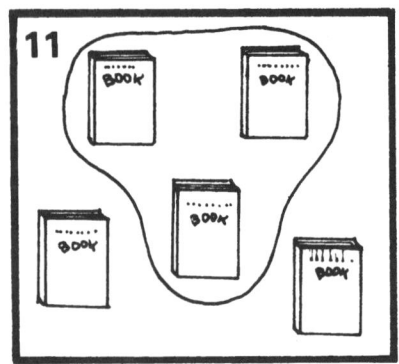
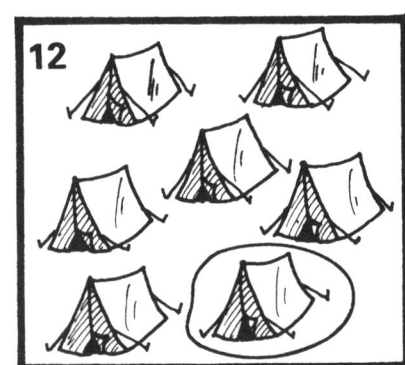

Addition – number lines

A

Use the number line to add 2.

3 + 2 = 5   7 + 2 = ☐   1 + 2 = ☐   8 + 2 = ☐
4 + 2 = ☐   6 + 2 = ☐   5 + 2 = ☐   2 + 2 = ☐

B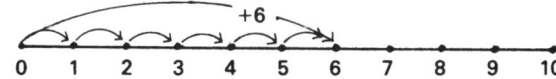

Use the number line to add 6.

0 + 6 = ☐   2 + 6 = ☐   4 + 6 = ☐   3 + 6 = ☐
1 + 6 = ☐

C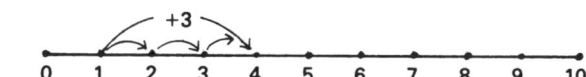

Use the number line to add 3.

1 + 3 = ☐   4 + 3 = ☐   6 + 3 = ☐   3 + 3 = ☐
0 + 3 = ☐   2 + 3 = ☐   5 + 3 = ☐   7 + 3 = ☐

D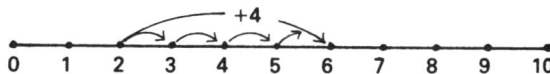

2 + 4 = ☐   5 + 4 = ☐   1 + 4 = ☐   6 + 4 = ☐
3 + 4 = ☐   0 + 4 = ☐   4 + 4 = ☐

E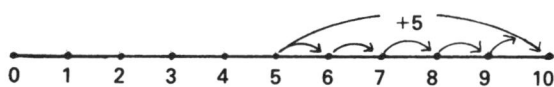

5 + 5 = ☐   0 + 5 = ☐   3 + 5 = ☐   2 + 5 = ☐
4 + 5 = ☐   1 + 5 = ☐

Subtraction – number lines

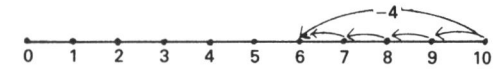

A

Use the number line to subtract 4.

10 − 4 = 6   4 − 4 = ☐   7 − 4 = ☐   5 − 4 = ☐   9 − 4 = ☐

6 − 4 = ☐   8 − 4 = ☐

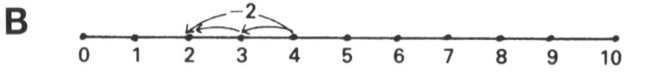

B

Use the number line to subtract 2.

4 − 2 = ☐   7 − 2 = ☐   10 − 2 = ☐   3 − 2 = ☐   5 − 2 = ☐

9 − 2 = ☐   2 − 2 = ☐   6 − 2 = ☐   8 − 2 = ☐

C

10 − 6 = ☐   7 − 6 = ☐   9 − 6 = ☐   6 − 6 = ☐   8 − 6 = ☐

D

5 − 5 = ☐   7 − 5 = ☐   9 − 5 = ☐   6 − 5 = ☐   8 − 5 = ☐

10 − 5 = ☐

E

5 − 3 = ☐   4 − 3 = ☐   6 − 3 = ☐   9 − 3 = ☐   3 − 3 = ☐

10 − 3 = ☐   8 − 3 = ☐   7 − 3 = ☐

F

5 − 1 = ☐   7 − 1 = ☐   2 − 1 = ☐   8 − 1 = ☐   4 − 1 = ☐

10 − 1 = ☐   6 − 1 = ☐   1 − 1 = ☐   9 − 1 = ☐   3 − 1 = ☐

More and less than

A Use the number strip.

| 1 | 2 | 3 | 4 | 5 | 6 | 7 | 8 | 9 | 10 |

4 more than 5 = ☐
7 more than 3 = ☐
5 more than 4 = ☐
9 more than 1 = ☐
6 more than 2 = ☐
2 more than 7 = ☐
1 more than 8 = ☐
3 more than 6 = ☐
8 more than 2 = ☐

9 less than 10 = ☐
2 less than 7 = ☐
5 less than 8 = ☐
3 less than 6 = ☐
7 less than 9 = ☐
4 less than 9 = ☐
8 less than 10 = ☐
1 less than 5 = ☐
6 less than 6 = ☐

3 more than 5 = ☐
8 less than 9 = ☐
1 more than 4 = ☐
2 less than 3 = ☐
6 less than 10 = ☐
7 more than 1 = ☐
4 less than 8 = ☐
9 less than 9 = ☐
5 more than 2 = ☐

B Use the signs > and < and =.

8	1		4	8		5	4
1	6		1	1		6	8
3	5		4	2		3	6
4	5		3	9		2	6
2	9		2	3		1	3
10	2		9	7		7	1
3	9		1	10		9	7
5	9		8	5		7	2
9	8		5	2		3	7
7	4		6	10		10	5
6	4		10	6		2	1
5	10		8	3		4	8

C Complete each of the following with **one** number of your own.

5 > ☐
3 > ☐
10 > ☐
4 > ☐

1 > ☐
6 < ☐
9 > ☐
2 < ☐

2 > ☐
7 > ☐
3 < ☐
6 > ☐

4 < ☐
8 > ☐
1 < ☐
8 < ☐

Using the equalizer

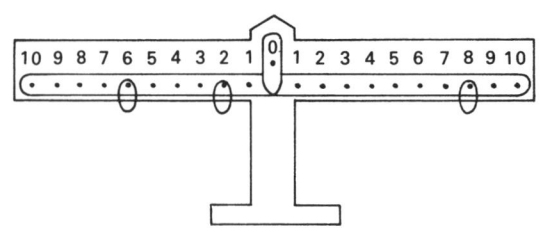

A Use the equalizer to answer.

6 + ☐ = 9   3 + 2 = ☐   5 + ☐ = 10   5 + ☐ = 7
☐ + 4 = 6   4 + ☐ = 8   7 + 2 = ☐   ☐ + 2 = 9
5 + 3 = ☐   ☐ + 1 = 9   ☐ + 6 = 8   3 + ☐ = 3
2 + ☐ = 4   8 + 2 = ☐   3 + ☐ = 10   3 + 4 = ☐
☐ + 6 = 7   4 + 4 = ☐   3 + 3 = ☐   ☐ + 8 = 8
6 + 4 = ☐   1 + ☐ = 5   2 + ☐ = 6   8 + ☐ = 10

B   6 + ☐ = 4 + 5   ☐ + 1 = 2 + 2
        2 + 5 = ☐ + 4   5 + 5 = ☐ + 4
        3 + 7 = 8 + ☐   1 + ☐ = 7 + 2
        4 + ☐ = 5 + 3   5 + 2 = ☐ + 3
        ☐ + 3 = 1 + 4   ☐ + 2 = 1 + 9
        ☐ + 1 = 3 + 3   2 + 4 = 4 + ☐

C   4 + 2 + 2 = 5 + ☐   1 + ☐ + 1 = 3 + 2
        3 + 4 = 2 + 3 + ☐   6 + 3 = 2 + 4 + ☐
        6 + 2 + 1 = 3 + 2 + 1 + ☐   ☐ + 2 = 1 + 1 + 4
        ☐ + 2 + 1 = 6 + 2   8 + 2 = 4 + ☐ + 2
        4 + ☐ + 2 = 7 + 3   3 + 1 = 1 + 2 + ☐
        2 + 2 + 2 = 1 + ☐   3 + 2 + 3 = 2 + ☐
        3 + 3 + ☐ = 4 + 5   7 + 2 + 1 = 5 + ☐
        6 + 0 = 3 + 1 + ☐   ☐ + 4 = 2 + 3 + 4
        1 + 4 = 2 + 1 + ☐   2 + 5 = 3 + 3 + ☐
        6 + 1 + ☐ = 3 + 4   6 + 1 + ☐ = 2 + 5 + 3

Addition – number ladder

Use the number ladder to add.

A
9 + 4 = ☐   16 + 4 = ☐   7 + 4 = ☐   11 + 4 = ☐
15 + 4 = ☐   10 + 4 = ☐   13 + 4 = ☐   12 + 4 = ☐
14 + 4 = ☐   8 + 4 = ☐   6 + 4 = ☐

B
8 + 7 = ☐   13 + 7 = ☐   11 + 7 = ☐   7 + 7 = ☐
12 + 7 = ☐   9 + 7 = ☐   10 + 7 = ☐   6 + 7 = ☐

C
13 + 6 = ☐   9 + 6 = ☐   11 + 6 = ☐   14 + 6 = ☐
7 + 6 = ☐   12 + 6 = ☐   8 + 6 = ☐   10 + 6 = ☐

D
12 + 8 = ☐   7 + 8 = ☐   10 + 8 = ☐   9 + 8 = ☐
11 + 8 = ☐   5 + 8 = ☐   8 + 8 = ☐   6 + 8 = ☐

E
11 + 9 = ☐   9 + 9 = ☐   10 + 9 = ☐   7 + 9 = ☐
8 + 9 = ☐   6 + 9 = ☐   4 + 9 = ☐   3 + 9 = ☐

F
15 + 5 = ☐   8 + 5 = ☐   12 + 5 = ☐   14 + 5 = ☐
9 + 5 = ☐   7 + 5 = ☐   11 + 5 = ☐   13 + 5 = ☐
12 + 5 = ☐   6 + 5 = ☐

G
13 + 3 = ☐   16 + 3 = ☐   8 + 3 = ☐   17 + 3 = ☐
10 + 3 = ☐   15 + 3 = ☐   12 + 3 = ☐   9 + 3 = ☐
11 + 3 = ☐   7 + 3 = ☐   14 + 3 = ☐

H
10 + 10 = ☐   4 + 10 = ☐   8 + 10 = ☐   6 + 10 = ☐
5 + 10 = ☐   7 + 10 = ☐   2 + 10 = ☐   1 + 10 = ☐
9 + 10 = ☐   3 + 10 = ☐

I
18 + 2 = ☐   7 + 2 = ☐   16 + 2 = ☐   9 + 2 = ☐
17 + 2 = ☐   14 + 2 = ☐   10 + 2 = ☐   13 + 2 = ☐
11 + 2 = ☐   15 + 2 = ☐   8 + 2 = ☐

Subtraction – number ladder

Use the number ladder to subtract.

A 12 − 5 = ☐   19 − 5 = ☐   13 − 5 = ☐   20 − 5 = ☐
10 − 5 = ☐   14 − 5 = ☐   16 − 5 = ☐   18 − 5 = ☐
11 − 5 = ☐   15 − 5 = ☐   17 − 5 = ☐

B 10 − 9 = ☐   18 − 9 = ☐   16 − 9 = ☐   12 − 9 = ☐
19 − 9 = ☐   20 − 9 = ☐   14 − 9 = ☐   15 − 9 = ☐
13 − 9 = ☐   17 − 9 = ☐   11 − 9 = ☐

C 11 − 6 = ☐   18 − 6 = ☐   20 − 6 = ☐   13 − 6 = ☐
12 − 6 = ☐   19 − 6 = ☐   16 − 6 = ☐   14 − 6 = ☐
17 − 6 = ☐   10 − 6 = ☐   15 − 6 = ☐

D 13 − 7 = ☐   20 − 7 = ☐   10 − 7 = ☐   18 − 7 = ☐
15 − 7 = ☐   16 − 7 = ☐   12 − 7 = ☐   17 − 7 = ☐
19 − 7 = ☐   14 − 7 = ☐   11 − 7 = ☐

E 10 − 4 = ☐   17 − 4 = ☐   12 − 4 = ☐   18 − 4 = ☐
19 − 4 = ☐   14 − 4 = ☐   11 − 4 = ☐   16 − 4 = ☐
13 − 4 = ☐   20 − 4 = ☐   15 − 4 = ☐

F 13 − 8 = ☐   17 − 8 = ☐   12 − 8 = ☐   10 − 8 = ☐
20 − 8 = ☐   18 − 8 = ☐   16 − 8 = ☐   14 − 8 = ☐
11 − 8 = ☐   19 − 8 = ☐   15 − 8 = ☐

G 12 − 10 = ☐   15 − 10 = ☐   10 − 10 = ☐   20 − 10 = ☐
17 − 10 = ☐   13 − 10 = ☐   16 − 10 = ☐   19 − 10 = ☐
11 − 10 = ☐   18 − 10 = ☐   14 − 10 = ☐

H 20 − 3 = ☐   10 − 3 = ☐   13 − 3 = ☐   17 − 3 = ☐
19 − 3 = ☐   12 − 3 = ☐   16 − 3 = ☐   18 − 3 = ☐
14 − 3 = ☐   11 − 3 = ☐   15 − 3 = ☐

Addition and subtraction – mapping

| 1 | 2 | 3 | 4 | 5 | 6 | 7 | 8 | 9 | 10 | 11 | 12 | 13 | 14 | 15 | 16 | 17 | 18 | 19 | 20 |

Use the number strip to solve these.

1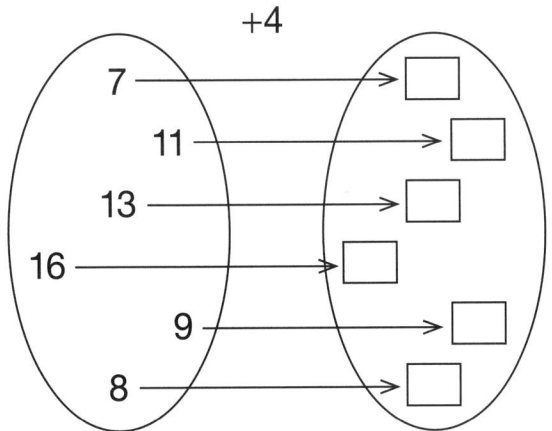

2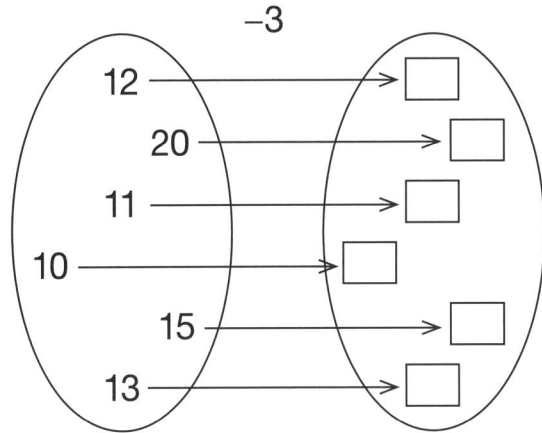

3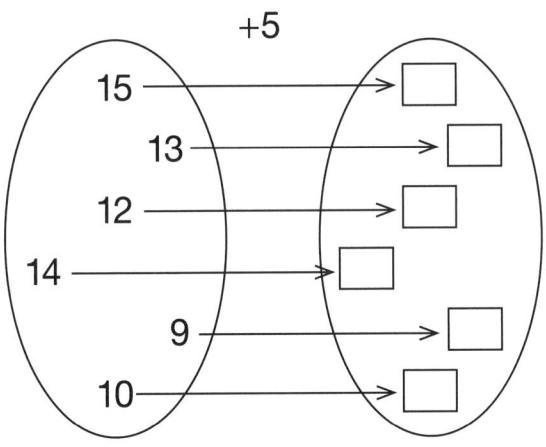

4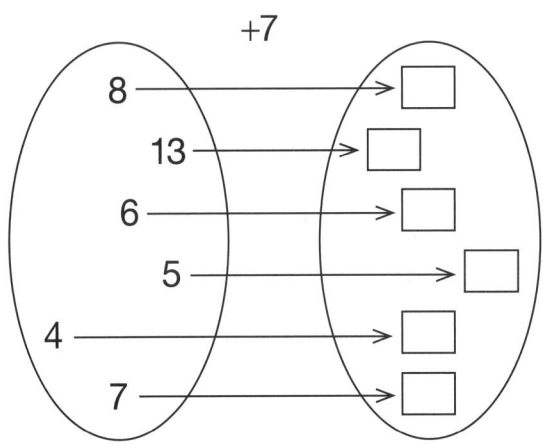

5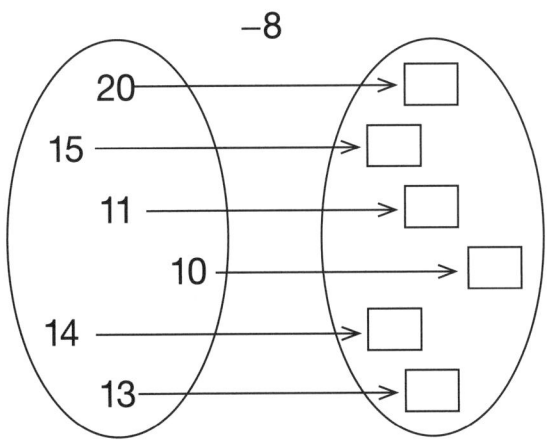

6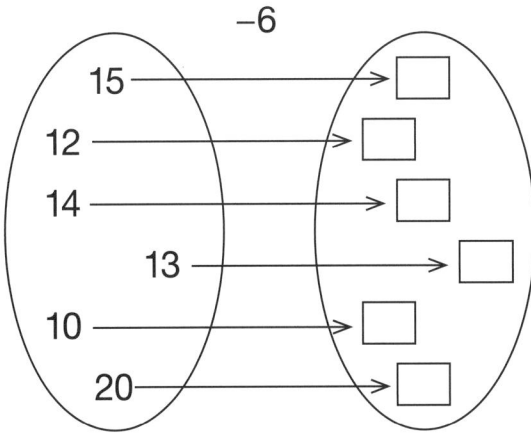

The hundred square – tens

1	2	3	4	5	6	7	8	9	10
11	12	13	14	15	16	17	18	19	20
21	22	23	24	25	26	27	28	29	30
31	32	33	34	35	36	37	38	39	40
41	42	43	44	45	46	47	48	49	50
51	52	53	54	55	56	57	58	59	60
61	62	63	64	65	66	67	68	69	70
71	72	73	74	75	76	77	78	79	80
81	82	83	84	85	86	87	88	89	90
91	92	93	94	95	96	97	98	99	100

A Use the hundred square to add 10 to each number.

25   34   47   22   51   60   85   37
56   78   39   28   33   59   16   42

B Use the hundred square to subtract 10 from each number.

41   63   29   54   88   17   52   24
36   69   75   20   14   96   81   72

C Complete by adding 10 each time.

1 13, 23, 33, , , , , 93   **2** 45, , , , , 95
3 7, 17, 27, 37, 47, 57, , ,   **4** 12, , , , 52, , , , 92
5 8, , 28, , , 68, , , 98   **6** 36, 46, , , , , 96
7 24, , , , , , , 94   **8** 9, , , , , 69, , , 99

The abacus – tens and ones

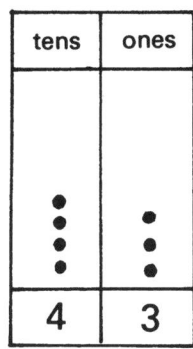

$\boxed{43} \longrightarrow$ 4 tens and 3 ones

A Write out the value on each abacus.

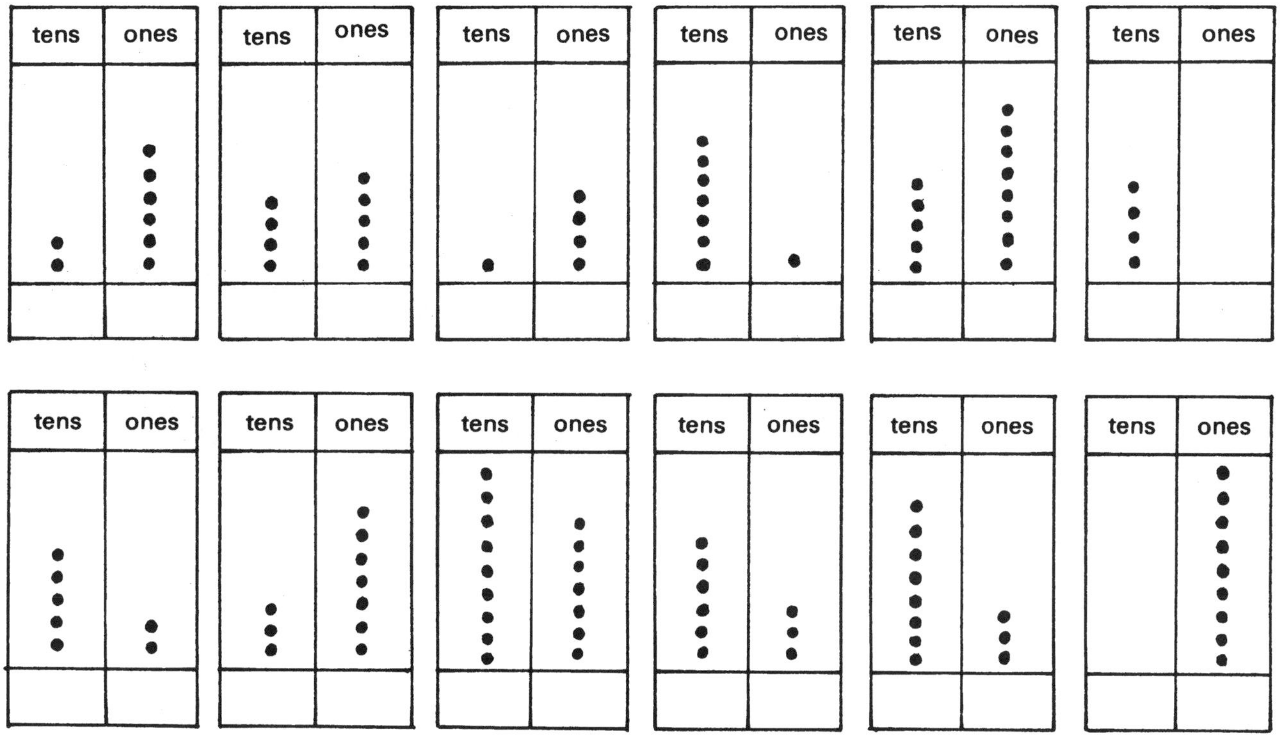

B Draw abaci to show the following numbers.
59   72   41   80   63   44   68   95   36   67

C Write down how many tens in each of these numbers.
27   74   68   43   81   32   16   54   90

More tens and ones

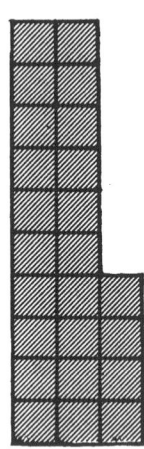

24 ⟶ 2 tens and 4 ones

A Write the value of each of these.

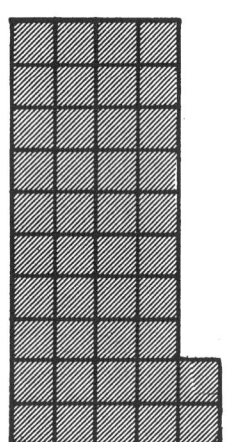 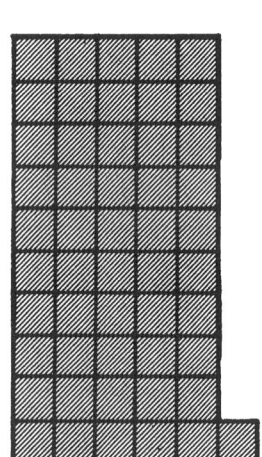 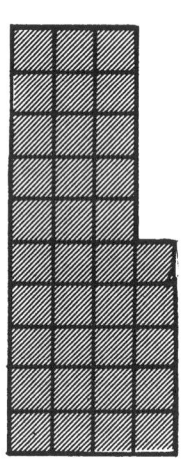 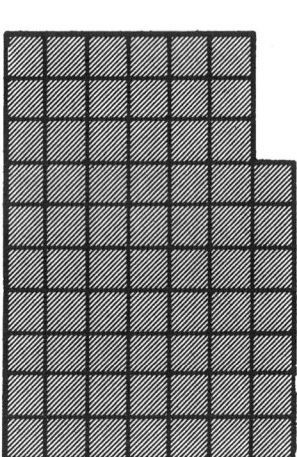

B Use squared paper to record these values.

29   17   31   48   56   74   60   85   93   42

C Sort these numbers into tens and ones.

53 ⟶ 5 tens and 3 ones

11   67   33   26   42   38   55   64
79   68   92   60   54   23   15   36
87   72   50   41

Addition and subtraction – tens and ones

A

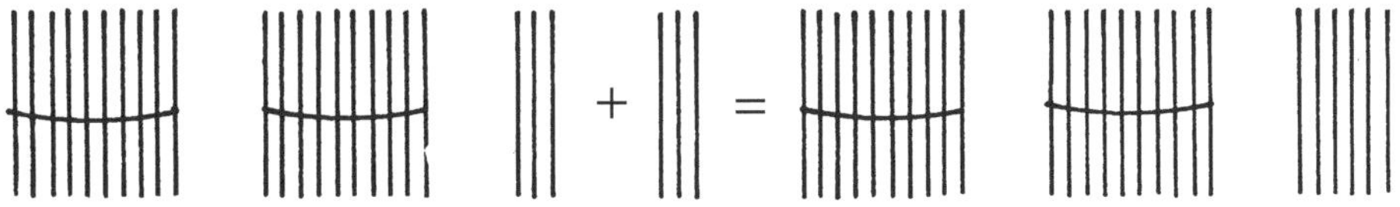

23 + 3 = 26

Use bundles or rods to add.

42 + 5 = ☐	61 + 6 = ☐	51 + 38 = ☐	66 + 22 = ☐
36 + 3 = ☐	5 + 21 = ☐	12 + 57 = ☐	54 + 34 = ☐
28 + 1 = ☐	75 + 4 = ☐	70 + 29 = ☐	28 + 61 = ☐
53 + 6 = ☐	98 + 1 = ☐	33 + 44 = ☐	47 + 51 = ☐
14 + 4 = ☐	87 + 2 = ☐	75 + 23 = ☐	89 + 10 = ☐

B

36 – 2 = 34

Use bundles or rods to subtract.

29 – 6 = ☐	48 – 4 = ☐	37 – 24 = ☐	43 – 21 = ☐
34 – 3 = ☐	64 – 2 = ☐	48 – 32 = ☐	47 – 34 = ☐
28 – 5 = ☐	35 – 3 = ☐	29 – 16 = ☐	54 – 33 = ☐
46 – 4 = ☐	27 – 5 = ☐	36 – 25 = ☐	29 – 17 = ☐
38 – 6 = ☐	36 – 4 = ☐	42 – 21 = ☐	66 – 43 = ☐
55 – 2 = ☐	26 – 5 = ☐	35 – 25 = ☐	48 – 34 = ☐
37 – 3 = ☐	19 – 4 = ☐	84 – 22 = ☐	29 – 28 = ☐

C Write down how many are needed to make each of these numbers up to the next ten.

41 35 63 54 89 72

26 18 97 50

Groups of two

A Complete the number sentences.

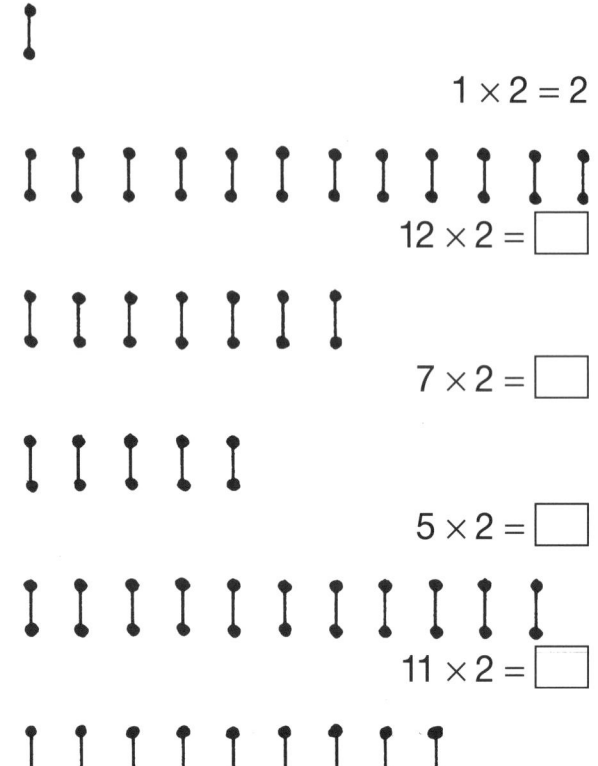
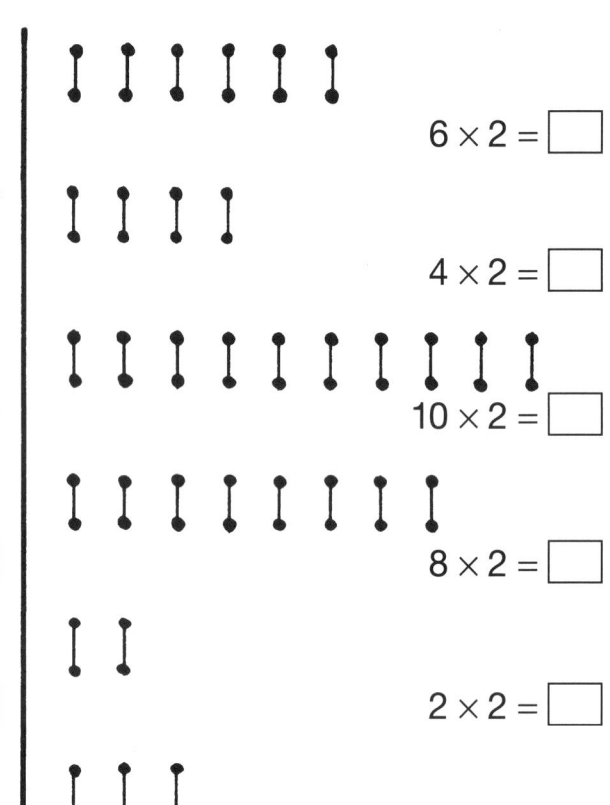

B Complete the number sentences.

0 + 2 = ☐
2 + 2 = ☐
2 + 2 + 2 = ☐
2 + 2 + 2 + 2 = ☐
2 + 2 + 2 + 2 + 2 = ☐
2 + 2 + 2 + 2 + 2 + 2 = ☐
2 + 2 + 2 + 2 + 2 + 2 + 2 = ☐
2 + 2 + 2 + 2 + 2 + 2 + 2 + 2 = ☐
2 + 2 + 2 + 2 + 2 + 2 + 2 + 2 + 2 = ☐
2 + 2 + 2 + 2 + 2 + 2 + 2 + 2 + 2 + 2 = ☐
2 + 2 + 2 + 2 + 2 + 2 + 2 + 2 + 2 + 2 + 2 = ☐
2 + 2 + 2 + 2 + 2 + 2 + 2 + 2 + 2 + 2 + 2 + 2 = ☐

1 × 2 = ☐
2 × 2 = ☐
3 × 2 = ☐
4 × 2 = ☐
5 × 2 = ☐
6 × 2 = ☐
7 × 2 = ☐
8 × 2 = ☐
9 × 2 = ☐
10 × 2 = ☐
11 × 2 = ☐
12 × 2 = ☐

Groups of two

1 How many legs? $10 \times 2 = \square$

2 How many boots? $6 \times 2 = \square$

3 How many wheels? $5 \times 2 = \square$

4 How many flowers? $11 \times 2 = \square$

5 How many glasses? $7 \times 2 = \square$

6 How many straws? $12 \times 2 = \square$

7 How many cherries? $9 \times 2 = \square$

8 How many ears? $4 \times 2 = \square$

9 How many hands? $8 \times 2 = \square$

10 How many windows? $3 \times 2 = \square$

11 How many sails?

$2 \times 2 = \square$

Groups of three

A Complete the number sentences.

$2 \times 3 = \square$
$12 \times 3 = \square$
$7 \times 3 = \square$
$9 \times 3 = \square$
$6 \times 3 = \square$
$10 \times 3 = \square$
$5 \times 3 = \square$
$8 \times 3 = \square$
$3 \times 3 = \square$
$4 \times 3 = \square$
$11 \times 3 = \square$
$1 \times 3 = \square$

B Complete the number sentences.

$1 \times 3 = \square$
$2 \times 3 = \square$
$3 \times 3 = \square$
$4 \times 3 = \square$
$5 \times 3 = \square$
$6 \times 3 = \square$
$7 \times 3 = \square$
$8 \times 3 = \square$
$9 \times 3 = \square$
$10 \times 3 = \square$
$11 \times 3 = \square$
$12 \times 3 = \square$

Groups of three

1 How many balloons?

$6 \times 3 =$ ☐

2 How many candles?

   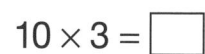

$10 \times 3 =$ ☐

3 How many legs?

$9 \times 3 =$ ☐

4 How many sides?

$12 \times 3 =$ ☐

5 How many stumps?

$11 \times 3 =$ ☐

6 How many lollies?

$5 \times 3 =$ ☐

7 How many legs?

$7 \times 3 =$ ☐

8 How many wheels?

$4 \times 3 =$ ☐

9 How many prongs?

       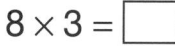

$8 \times 3 =$ ☐

10 How many kites?

$3 \times 3 =$ ☐

11 How many swings?

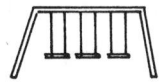 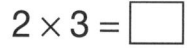

$2 \times 3 =$ ☐

Groups of four

A Complete the number sentences.

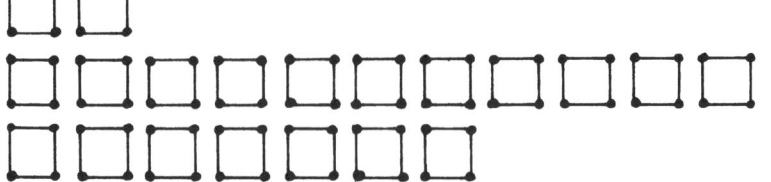

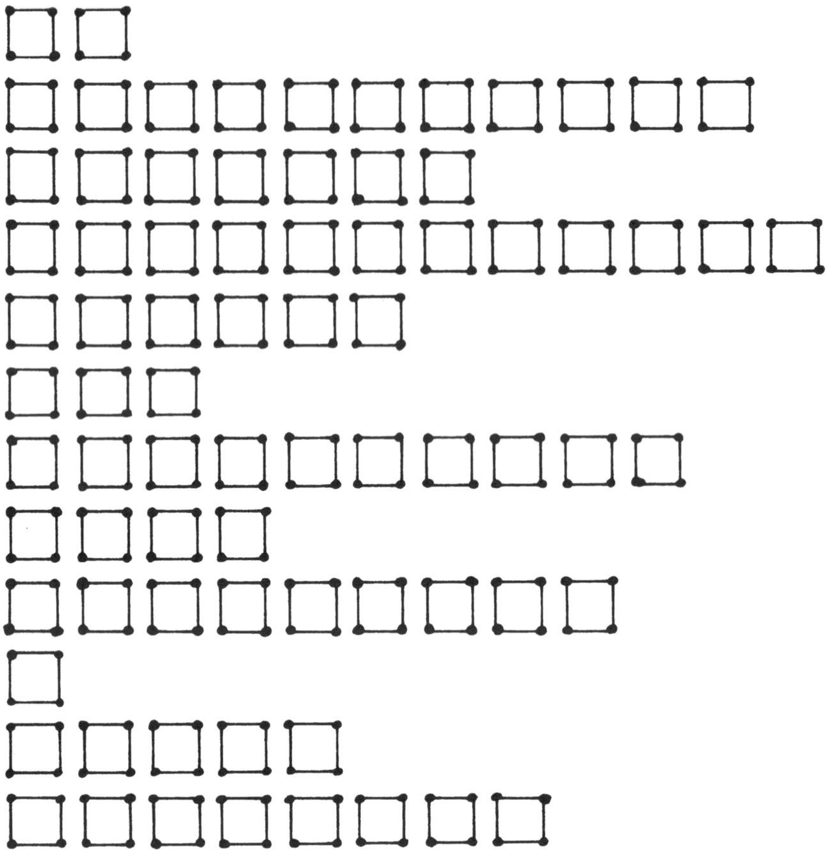

2 × 4 = ☐
11 × 4 = ☐
7 × 4 = ☐
12 × 4 = ☐
6 × 4 = ☐
3 × 4 = ☐
10 × 4 = ☐
4 × 4 = ☐
9 × 4 = ☐
1 × 4 = ☐
5 × 4 = ☐
8 × 4 = ☐

B Complete the number sentences.

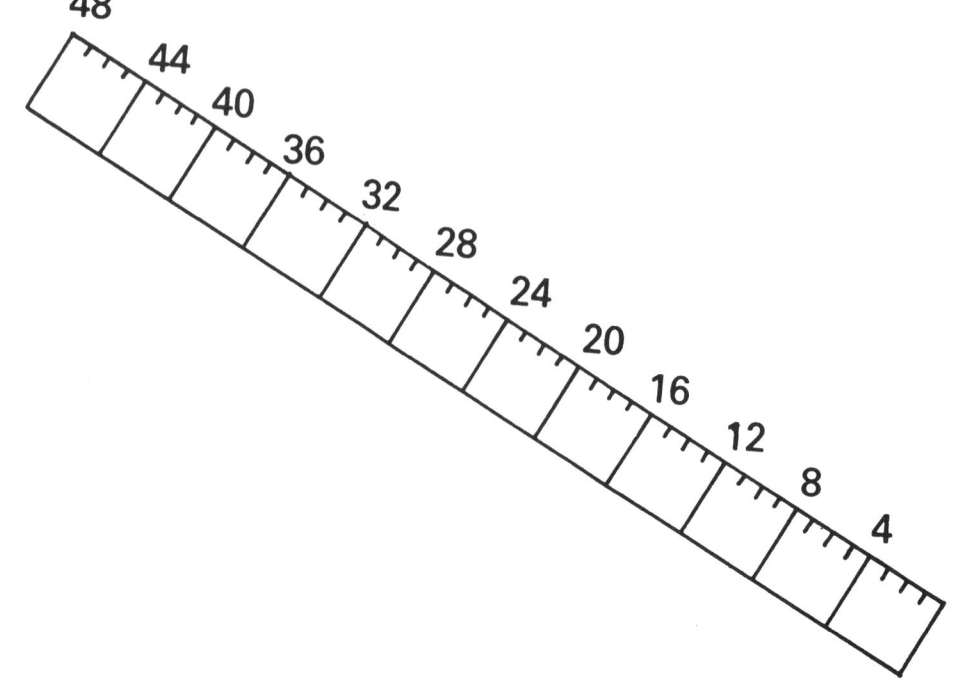

1 × 4 = ☐
2 × 4 = ☐
3 × 4 = ☐
4 × 4 = ☐
5 × 4 = ☐
6 × 4 = ☐
7 × 4 = ☐
8 × 4 = ☐
9 × 4 = ☐
10 × 4 = ☐
11 × 4 = ☐
12 × 4 = ☐

Groups of four

1 How many petals?

6 × 4 =

2 How many wings?

5 × 4 =

3 How many sides?

12 × 4 =

4 How many whiskers?

10 × 4 =

5 How many spots?

8 × 4 =

6 How many cherries?

7 × 4 =

7 How many legs?

4 × 4 =

8 How many tarts?

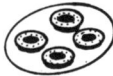

3 × 4 =

9 How many legs?

11 × 4 =

10 How many walking sticks?

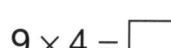

9 × 4 =

11 How many windows?

2 × 4 =

Groups of five

A Complete the equations.

4 × 5 = ☐
6 × 5 = ☐
10 × 5 = ☐
3 × 5 = ☐
9 × 5 = ☐
1 × 5 = ☐
12 × 5 = ☐
2 × 5 = ☐
7 × 5 = ☐
11 × 5 = ☐
8 × 5 = ☐
5 × 5 = ☐

B Complete the number sentences.

0 + 5 = ☐
5 + 5 = ☐
5 + 5 + 5 = ☐
5 + 5 + 5 + 5 = ☐
5 + 5 + 5 + 5 + 5 = ☐
5 + 5 + 5 + 5 + 5 + 5 = ☐
5 + 5 + 5 + 5 + 5 + 5 + 5 = ☐
5 + 5 + 5 + 5 + 5 + 5 + 5 + 5 = ☐
5 + 5 + 5 + 5 + 5 + 5 + 5 + 5 + 5 = ☐
5 + 5 + 5 + 5 + 5 + 5 + 5 + 5 + 5 + 5 = ☐
5 + 5 + 5 + 5 + 5 + 5 + 5 + 5 + 5 + 5 + 5 = ☐
5 + 5 + 5 + 5 + 5 + 5 + 5 + 5 + 5 + 5 + 5 + 5 = ☐

1 × 5 = ☐
2 × 5 = ☐
3 × 5 = ☐
4 × 5 = ☐
5 × 5 = ☐
6 × 5 = ☐
7 × 5 = ☐
8 × 5 = ☐
9 × 5 = ☐
10 × 5 = ☐
11 × 5 = ☐
12 × 5 = ☐

Groups of five

1. How many points?    12 × 5 = ☐

2. How many balloons?       4 × 5 = ☐

3. How many cherries?        7 × 5 = ☐

4. How many leaves?     11 × 5 = ☐

5. How many marbles?       5 × 5 = ☐

6. How many sides?  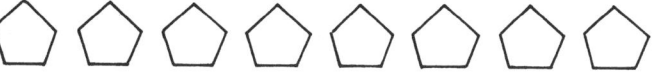   10 × 5 = ☐

7. How many feathers?      6 × 5 = ☐

8. How many lines?    9 × 5 = ☐

9. How many cakes?      3 × 5 = ☐

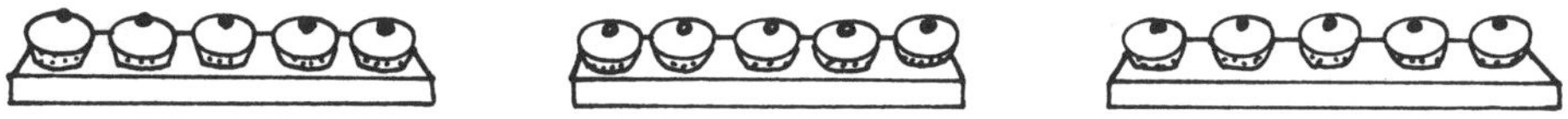

10. How many brushes?          8 × 5 = ☐

11. How many bananas?     2 × 5 = ☐

Groups of six

A Complete the equations.

10 × 6 = ☐

5 × 6 = ☐

12 × 6 = ☐

1 × 6 = ☐

3 × 6 = ☐

11 × 6 = ☐

2 × 6 = ☐

6 × 6 = ☐

8 × 6 = ☐

4 × 6 = ☐

9 × 6 = ☐

7 × 6 = ☐

B Complete the number sentences.

1 × 6 = ☐
2 × 6 = ☐
3 × 6 = ☐
4 × 6 = ☐
5 × 6 = ☐
6 × 6 = ☐
7 × 6 = ☐
8 × 6 = ☐
9 × 6 = ☐
10 × 6 = ☐
11 × 6 = ☐
12 × 6 = ☐

Groups of six

1 How many dots?

$6 \times 6 = \square$

2 How many tarts?

$3 \times 6 = \square$

3 How many sides?

$12 \times 6 = \square$

4 How many cornets?

$2 \times 6 = \square$

5 How many lines?

$10 \times 6 = \square$

6 How many petals?

$7 \times 6 = \square$

7 How many flowers?

$5 \times 6 = \square$

8 How many points?

$9 \times 6 = \square$

9 How many lollies?

$4 \times 6 = \square$

10 How many circles?

$11 \times 6 = \square$

11 How many straws?

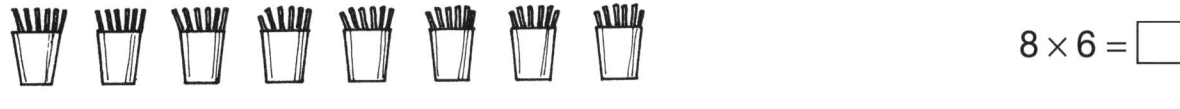

$8 \times 6 = \square$

Dividing by two

A Use counters to divide.

Put

1. 12 counters into 2 groups   12 ÷ 2 = ☐
2. 8 counters into 2 groups   8 ÷ 2 = ☐
3. 24 counters into 2 groups   24 ÷ 2 = ☐
4. 6 counters into 2 groups   6 ÷ 2 = ☐
5. 20 counters into 2 groups   20 ÷ 2 = ☐
6. 22 counters into 2 groups   22 ÷ 2 = ☐
7. 4 counters into 2 groups   4 ÷ 2 = ☐
8. 18 counters into 2 groups   18 ÷ 2 = ☐
9. 16 counters into 2 groups   16 ÷ 2 = ☐
10. 10 counters into 2 groups   10 ÷ 2 = ☐
11. 2 counters into 2 groups   2 ÷ 2 = ☐
12. 14 counters into 2 groups   14 ÷ 2 = ☐

B How many groups of 2 in:

6?	6 ÷ 2 = ☐	2?	2 ÷ 2 = ☐	20?	20 ÷ 2 = ☐
16?	16 ÷ 2 = ☐	14?	14 ÷ 2 = ☐	12?	12 ÷ 2 = ☐
18?	18 ÷ 2 = ☐	24?	24 ÷ 2 = ☐	8?	8 ÷ 2 = ☐
10?	10 ÷ 2 = ☐	4?	4 ÷ 2 = ☐	22?	22 ÷ 2 = ☐

Dividing by three

A Use counters to divide.

Put

1	36 counters into 3 groups	36 ÷ 3 = ☐
2	9 counters into 3 groups	9 ÷ 3 = ☐
3	12 counters into 3 groups	12 ÷ 3 = ☐
4	24 counters into 3 groups	24 ÷ 3 = ☐
5	30 counters into 3 groups	30 ÷ 3 = ☐
6	3 counters into 3 groups	3 ÷ 3 = ☐
7	18 counters into 3 groups	18 ÷ 3 = ☐
8	27 counters into 3 groups	27 ÷ 3 = ☐
9	21 counters into 3 groups	21 ÷ 3 = ☐
10	33 counters into 3 groups	33 ÷ 3 = ☐
11	6 counters into 3 groups	6 ÷ 3 = ☐
12	15 counters into 3 groups	15 ÷ 3 = ☐

B How many groups of 3 in:

36?	36 ÷ 3 = ☐	9?	9 ÷ 3 = ☐	3?	3 ÷ 3 = ☐
33?	33 ÷ 3 = ☐	30?	30 ÷ 3 = ☐	18?	18 ÷ 3 = ☐
15?	15 ÷ 3 = ☐	27?	27 ÷ 3 = ☐	24?	24 ÷ 3 = ☐
12?	12 ÷ 3 = ☐	6?	6 ÷ 3 = ☐	21?	21 ÷ 3 = ☐

Dividing by four

A Use counters to divide.

Put

1. 36 counters into 4 groups   36 ÷ 4 = ☐
2. 16 counters into 4 groups   16 ÷ 4 = ☐
3. 8 counters into 4 groups   8 ÷ 4 = ☐
4. 48 counters into 4 groups   48 ÷ 4 = ☐
5. 24 counters into 4 groups   24 ÷ 4 = ☐
6. 32 counters into 4 groups   32 ÷ 4 = ☐
7. 20 counters into 4 groups   20 ÷ 4 = ☐
8. 28 counters into 4 groups   28 ÷ 4 = ☐
9. 40 counters into 4 groups   40 ÷ 4 = ☐
10. 44 counters into 4 groups   44 ÷ 4 = ☐
11. 12 counters into 4 groups   12 ÷ 4 = ☐
12. 4 counters into 4 groups   4 ÷ 4 = ☐

B How many groups of 4 in:

4?	4 ÷ 4 = ☐	20?	20 ÷ 4 = ☐	24?	24 ÷ 4 = ☐
12?	12 ÷ 4 = ☐	36?	36 ÷ 4 = ☐	40?	40 ÷ 4 = ☐
28?	28 ÷ 4 = ☐	16?	16 ÷ 4 = ☐	48?	48 ÷ 4 = ☐
44?	44 ÷ 4 = ☐	8?	8 ÷ 4 = ☐	32?	32 ÷ 4 = ☐

Dividing by five

A Use counters to divide.

Put

1	5 counters in groups of 5	5 ÷ 5 = ☐
2	35 counters in groups of 5	35 ÷ 5 = ☐
3	15 counters in groups of 5	15 ÷ 5 = ☐
4	60 counters in groups of 5	60 ÷ 5 = ☐
5	30 counters in groups of 5	30 ÷ 5 = ☐
6	55 counters in groups of 5	55 ÷ 5 = ☐
7	10 counters in groups of 5	10 ÷ 5 = ☐
8	40 counters in groups of 5	40 ÷ 5 = ☐
9	50 counters in groups of 5	50 ÷ 5 = ☐
10	25 counters in groups of 5	25 ÷ 5 = ☐
11	45 counters in groups of 5	45 ÷ 5 = ☐
12	20 counters in groups of 5	20 ÷ 5 = ☐

B How many groups of 5 in:

60?	60 ÷ 5 = ☐	30?	30 ÷ 5 = ☐	10?	10 ÷ 5 = ☐
15?	15 ÷ 5 = ☐	35?	35 ÷ 5 = ☐	40?	40 ÷ 5 = ☐
5?	5 ÷ 5 = ☐	55?	55 ÷ 5 = ☐	50?	50 ÷ 5 = ☐
45?	45 ÷ 5 = ☐	20?	20 ÷ 5 = ☐	25?	25 ÷ 5 = ☐

Dividing by six

A Use counters to divide.

Put

1	18 counters in groups of 6	18 ÷ 6 = ☐
2	48 counters in groups of 6	48 ÷ 6 = ☐
3	30 counters in groups of 6	30 ÷ 6 = ☐
4	42 counters in groups of 6	42 ÷ 6 = ☐
5	66 counters in groups of 6	66 ÷ 6 = ☐
6	60 counters in groups of 6	60 ÷ 6 = ☐
7	54 counters in groups of 6	54 ÷ 6 = ☐
8	6 counters in groups of 6	6 ÷ 6 = ☐
9	36 counters in groups of 6	36 ÷ 6 = ☐
10	24 counters in groups of 6	24 ÷ 6 = ☐
11	72 counters in groups of 6	72 ÷ 6 = ☐
12	12 counters in groups of 6	12 ÷ 6 = ☐

B How many groups of 6 in:

66?	66 ÷ 6 = ☐	48?	48 ÷ 6 = ☐	30?	30 ÷ 6 = ☐
12?	12 ÷ 6 = ☐	6?	6 ÷ 6 = ☐	72?	72 ÷ 6 = ☐
54?	54 ÷ 6 = ☐	24?	24 ÷ 6 = ☐	18?	18 ÷ 6 = ☐
60?	60 ÷ 6 = ☐	42?	42 ÷ 6 = ☐	36?	36 ÷ 6 = ☐

Division with remainders

A Use counters to divide.

19 counters put in groups of 4 = 4 remainder 3

1 Group each of these values in fours. (Don't forget to give the remainder.)

9   23   41   38   22   15   47   29

2 Group each of these values in twos. (Don't forget to give the remainder.)

23   20   17   13   7   16   19   21

3 Group each of these values in threes. (Don't forget to give the remainder.)

35   28   25   17   32   22   16   20

4 Group each of these values in fives. (Don't forget to give the remainder.)

59   34   18   58   21   44   39   9

5 Group each of these values in sixes. (Don't forget to give the remainder.)

28   63   45   32   58   17   51   71

B Complete these.

1 23 = ☐ twos, rem ☐
23 = ☐ threes, rem ☐
23 = ☐ fours, rem ☐
23 = ☐ fives, rem ☐
23 = ☐ sixes, rem ☐

2 14 = ☐ twos, rem ☐
14 = ☐ threes, rem ☐
14 = ☐ fours, rem ☐
14 = ☐ fives, rem ☐
14 = ☐ sixes, rem ☐

3 21 = ☐ twos, rem ☐
21 = ☐ threes, rem ☐
21 = ☐ fours, rem ☐
21 = ☐ fives, rem ☐
21 = ☐ sixes, rem ☐

4 19 = ☐ twos, rem ☐
19 = ☐ threes, rem ☐
19 = ☐ fours, rem ☐
19 = ☐ fives, rem ☐
19 = ☐ sixes, rem ☐

How much?

How much in each money bag?

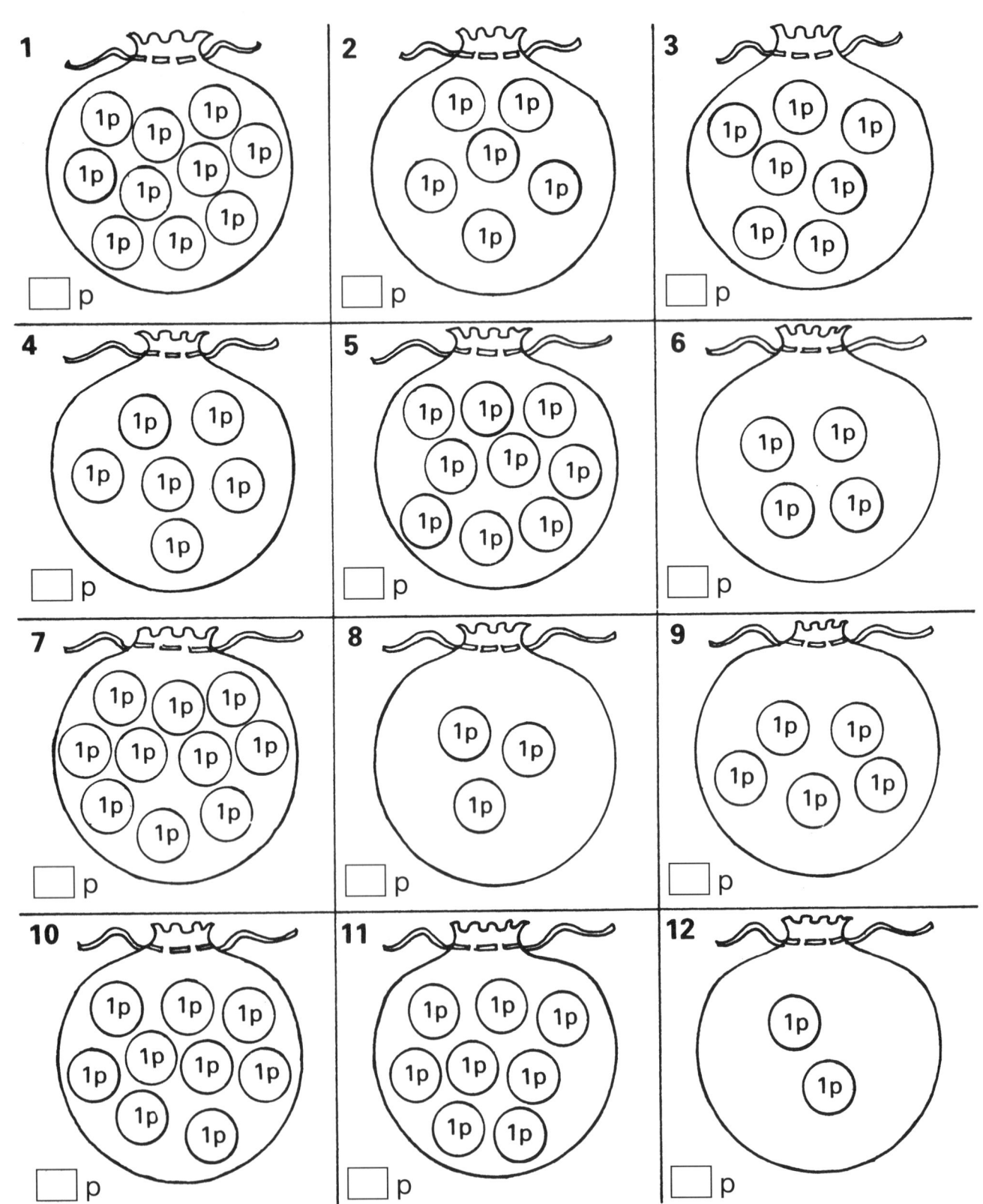

1. ☐ p (10 coins)
2. ☐ p (6 coins)
3. ☐ p (8 coins)
4. ☐ p (6 coins)
5. ☐ p (9 coins)
6. ☐ p (4 coins)
7. ☐ p (10 coins)
8. ☐ p (3 coins)
9. ☐ p (5 coins)
10. ☐ p (9 coins)
11. ☐ p (8 coins)
12. ☐ p (2 coins)

How much?

Count these amounts of money.

1. 2p 2p 2p 2p 2p = ☐ p
2. 2p 2p 2p 2p 1p = ☐ p
3. 2p 2p 2p 2p 1p 1p = ☐ p
4. 2p 2p 2p 1p 1p 1p 1p = ☐ p
5. 2p 1p = ☐ p
6. 2p 2p 1p 1p 1p 1p = ☐ p
7. 2p 2p 2p 1p = ☐ p
8. 2p 2p 1p = ☐ p
9. 2p 1p 1p 1p 1p 1p 1p = ☐ p
10. 2p 1p 1p 1p = ☐ p
11. 2p 2p 2p = ☐ p
12. 2p 2p 1p = ☐ p
13. 2p 1p 1p 1p = ☐ p
14. 2p 1p 1p 1p 1p 1p 1p 1p = ☐ p
15. 2p 2p 2p 1p 1p 1p = ☐ p
16. 2p 2p 1p 1p 1p 1p 1p 1p = ☐ p
17. 2p 1p 1p 1p 1p 1p 1p 1p 1p = ☐ p
18. 2p 2p 1p 1p 1p 1p 1p = ☐ p
19. 2p 2p 1p 1p 1p = ☐ p
20. 2p 1p 1p 1p 1p 1p = ☐ p
21. 2p 1p 1p = ☐ p
22. 2p 2p 2p 1p 1p = ☐ p
23. 2p 2p 2p 2p = ☐ p
24. 2p 2p = ☐ p

How much?

Count these amounts of money.

1. (5p) (2p) (1p) = ☐ p
2. (5p) (5p) (2p) (1p) = ☐ p
3. (5p) (5p) = ☐ p
4. (5p) (5p) (1p) = ☐ p
5. (5p) (5p) (5p) (2p) (1p) = ☐ p
6. (5p) (5p) (5p) (1p) = ☐ p
7. (5p) (5p) (5p) (1p) (1p) (1p) = ☐ p
8. (5p) (5p) (5p) (2p) = ☐ p
9. (5p) (2p) = ☐ p
10. (5p) (5p) (2p) (1p) (1p) (1p) = ☐ p
11. (5p) (5p) (5p) = ☐ p
12. (5p) (5p) (5p) (2p) (2p) (1p) = ☐ p
13. (5p) (5p) (5p) (2p) (2p) = ☐ p
14. (5p) (5p) (2p) (1p) (1p) = ☐ p
15. (5p) (5p) (5p) (5p) = ☐ p
16. (5p) (5p) (1p) (1p) (1p) = ☐ p
17. (5p) (5p) (2p) (2p) = ☐ p
18. (5p) (2p) (1p) (1p) = ☐ p
19. (5p) (5p) (5p) (2p) (1p) (1p) = ☐ p
20. (5p) (1p) (1p) = ☐ p
21. (5p) (5p) (2p) = ☐ p
22. (5p) (1p) = ☐ p
23. (5p) (2p) (2p) = ☐ p
24. (5p) (5p) (2p) (2p) (1p) = ☐ p

Using 1p, 2p and 5p coins

2p   5p   1p

A Find 3 different ways of paying for each of these things using only 1p, 2p and 5p coins.

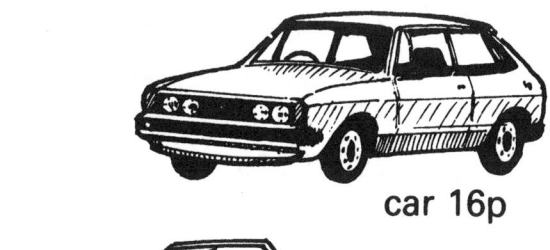

car 16p

motor boat 18p

doll 19p

book 20p

B Which 2 coins make the following amounts?

 1 4p **2** 7p **3** 6p **4** 3p **5** 10p

C Which 3 coins make the following amounts?

 1 9p **2** 8p **3** 5p **4** 11p **5** 15p

D Which 4 coins make the following amounts?

 1 20p **2** 16p **3** 7p **4** 13p **5** 14p
 6 10p **7** 17p **8** 8p **9** 12p **10** 9p

E Which 5 coins make the following amounts?

 1 17p **2** 19p **3** 14p **4** 10p **5** 18p

Making 10p

10p

A Each line of coins should make 10p — which coin is missing?

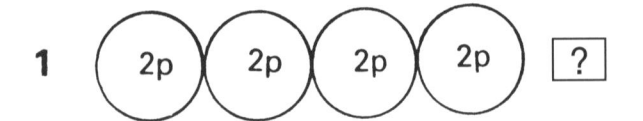

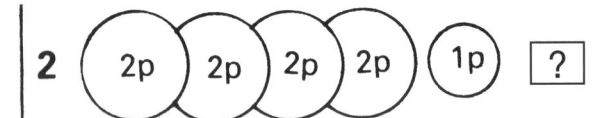

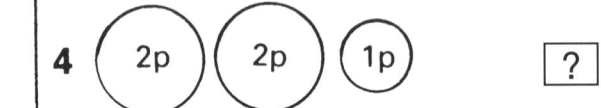

1. 2p 2p 2p 2p ?
2. 2p 2p 2p 2p 1p ?
3. 5p 2p 2p ?
4. 2p 2p 1p ?
5. 2p 2p 2p 1p 1p ?
6. 2p 5p 1p ?
7. 5p ?
8. 5p 1p 1p 1p ?
9. 1p 1p 1p 5p 1p ?
10. 1p 1p 1p 1p 1p ?

B These money bags should each hold 10p — which coins are missing?

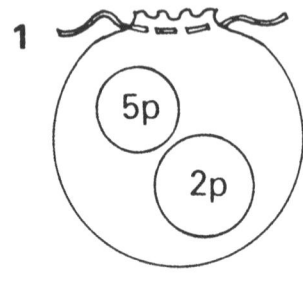

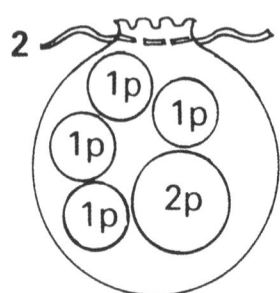

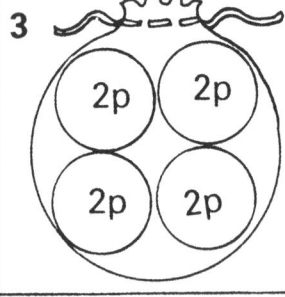

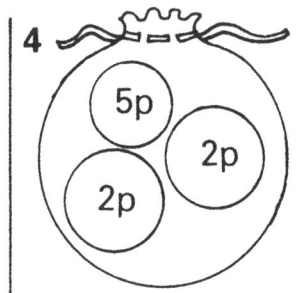

1. 5p, 2p
2. 1p, 1p, 1p, 1p, 2p
3. 2p, 2p, 2p, 2p
4. 5p, 2p, 2p
5. 5p, 1p
6. 2p, 2p, 2p
7. 5p, 1p, 1p
8. 1p, 1p, 1p, 1p, 1p, 1p

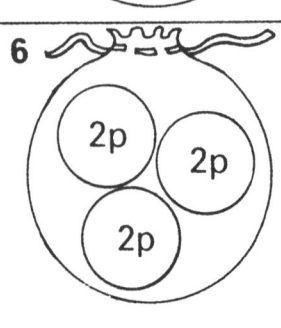

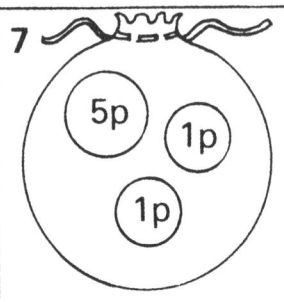

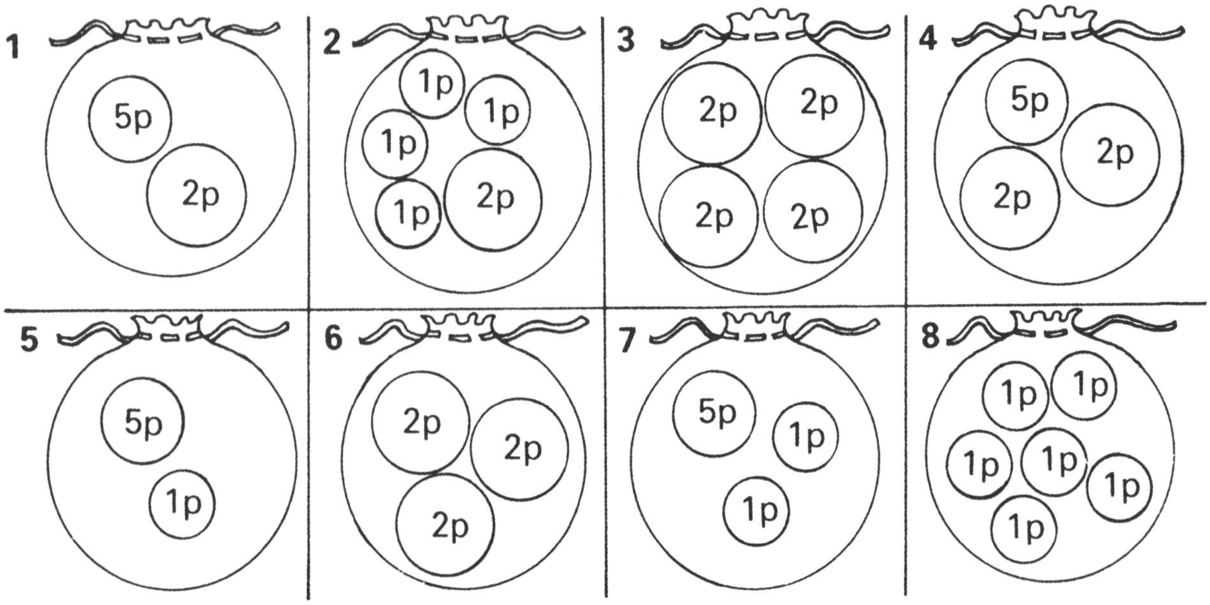

Shopping with 10p

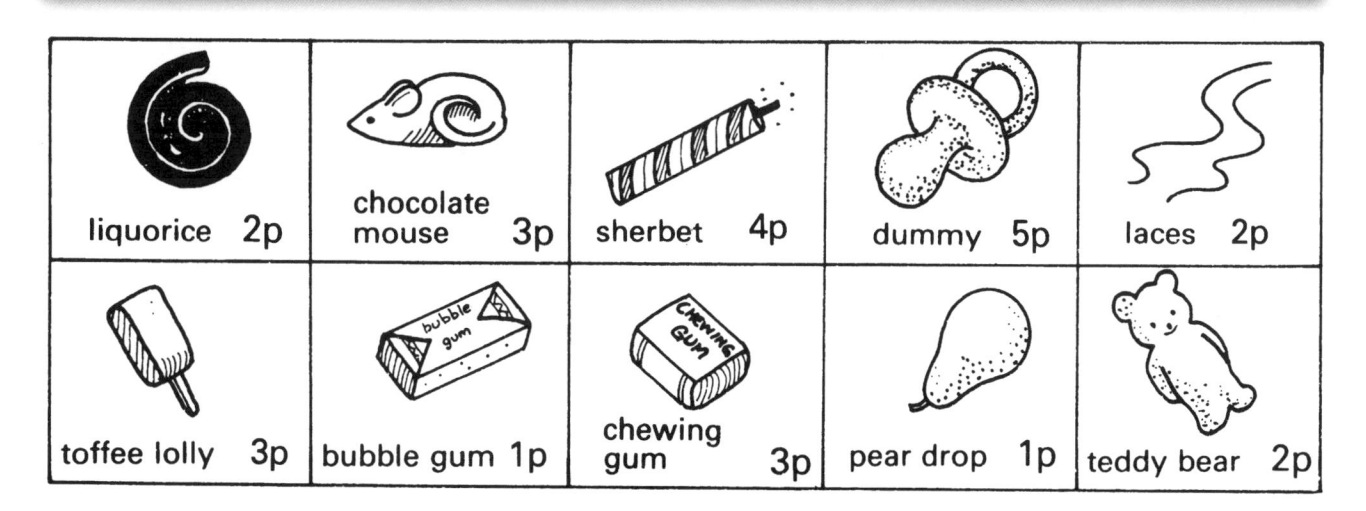

liquorice 2p	chocolate mouse 3p	sherbet 4p	dummy 5p	laces 2p
toffee lolly 3p	bubble gum 1p	chewing gum 3p	pear drop 1p	teddy bear 2p

Find the cost of these.

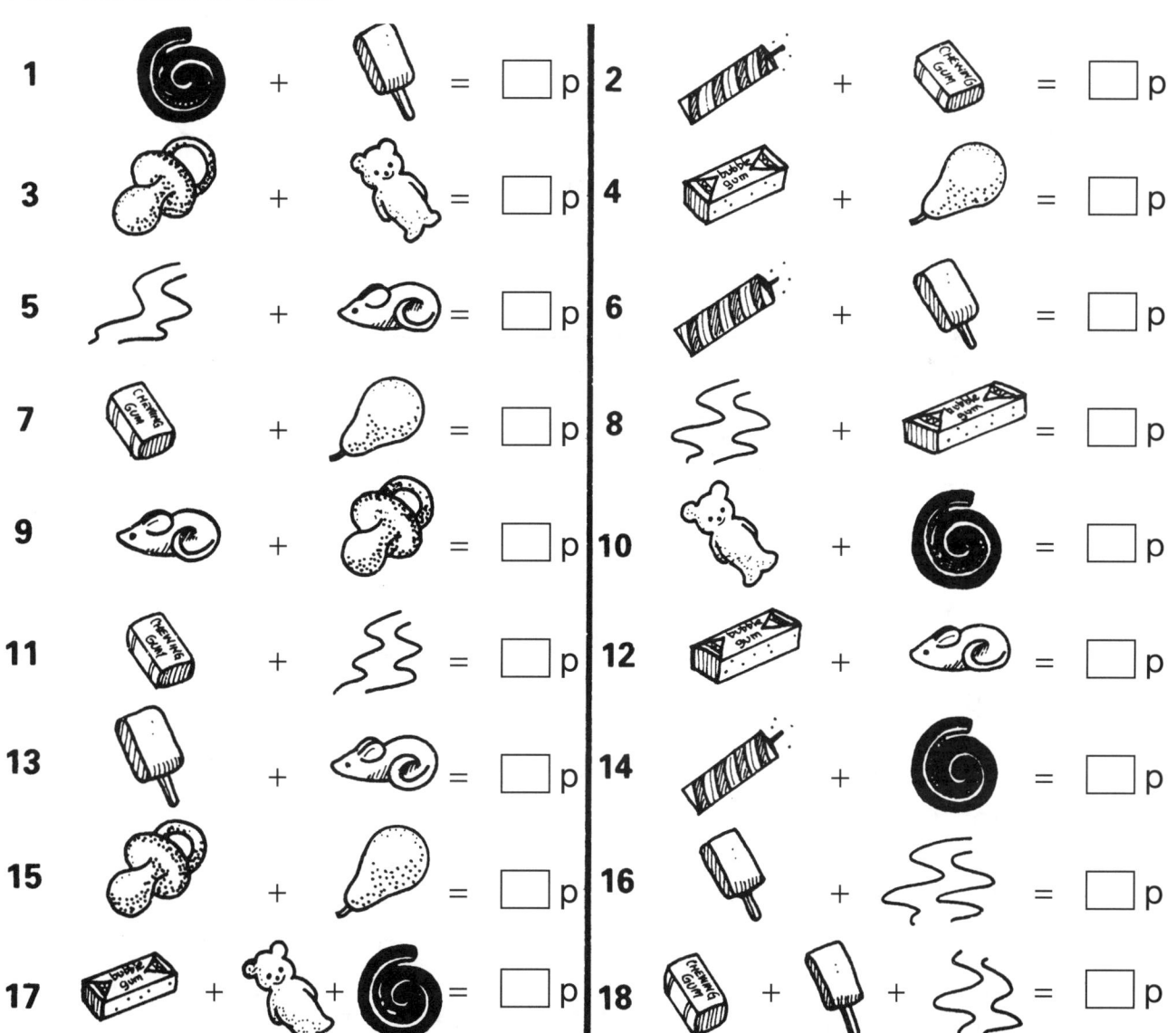

1. liquorice + toffee lolly = ☐ p
2. sherbet + chewing gum = ☐ p
3. dummy + teddy bear = ☐ p
4. bubble gum + pear drop = ☐ p
5. laces + chocolate mouse = ☐ p
6. sherbet + toffee lolly = ☐ p
7. chewing gum + pear drop = ☐ p
8. laces + bubble gum = ☐ p
9. chocolate mouse + dummy = ☐ p
10. teddy bear + liquorice = ☐ p
11. chewing gum + laces = ☐ p
12. bubble gum + chocolate mouse = ☐ p
13. toffee lolly + chocolate mouse = ☐ p
14. sherbet + liquorice = ☐ p
15. dummy + pear drop = ☐ p
16. toffee lolly + laces = ☐ p
17. bubble gum + teddy bear + liquorice = ☐ p
18. chewing gum + toffee lolly + laces = ☐ p

Addition to 10p

A Add these amounts of money.

1. (5p)(1p) + (2p)(1p)
   6p + 3p = ☐ p

2. (2p)(2p) + (2p)(1p)
   4p + 3p = ☐ p

3. (5p)(2p) + (2p)(1p)
   7p + 3p = ☐ p

4. (2p)(2p)(2p) + (2p)(1p)
   6p + 3p = ☐ p

5. (2p)(1p) + (2p)(2p)(1p)
   3p + 5p = ☐ p

6. (2p)(2p)(1p) + (2p)
   5p + 2p = ☐ p

7. (5p)(2p) + (1p)(1p)
   7p + 2p = ☐ p

8. (2p)(2p)(2p) + (1p)(1p)
   6p + 2p = ☐ p

B

lollipop	potato crisps	rolled item	cube	striped item	ball
2p	6p	4p	2p	3p	1p

Find the cost of these.

1. lollipop + rolled item
   2p + 4p = ☐ p

2. crisps + ball
   6p + 1p = ☐ p

3. crisps + striped item
   6p + 3p = ☐ p

4. ball + lollipop
   1p + 2p = ☐ p

5. ball + rolled item
   1p + 4p = ☐ p

6. rolled item + cube
   4p + 2p = ☐ p

7. cube + lollipop
   2p + 2p = ☐ p

8. striped item + crisps
   3p + 6p = ☐ p

Change from 5p

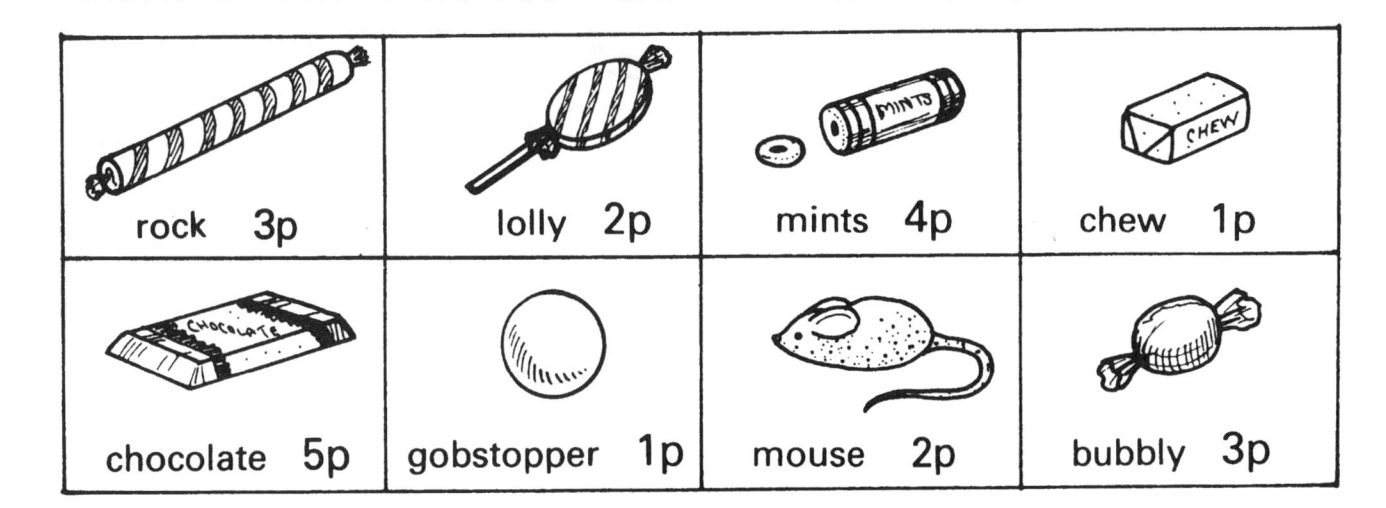

rock 3p	lolly 2p	mints 4p	chew 1p
chocolate 5p	gobstopper 1p	mouse 2p	bubbly 3p

Use coins to help you.

How much change if I buy:

1 a stick of rock? 3p + ☐ p = 5p
2 mints? 4p + ☐ p = 5p
3 chocolate? 5p + ☐ p = 5p
4 a lolly? 2p + ☐ p = 5p
5 a chew? 1p + ☐ p = 5p
6 a bubbly? 3p + ☐ p = 5p
7 a mouse? 2p + ☐ p = 5p
8 a gobstopper? 1p + ☐ p = 5p
9 a gobstopper and a mouse? 1p + 2p + ☐ p = 5p
10 a lolly and a chew? 2p + 1p + ☐ p = 5p
11 a bubbly and a lolly? 3p + 2p + ☐ p = 5p
12 mints and a gobstopper? 4p + 1p + ☐ p = 5p

Change from 10p

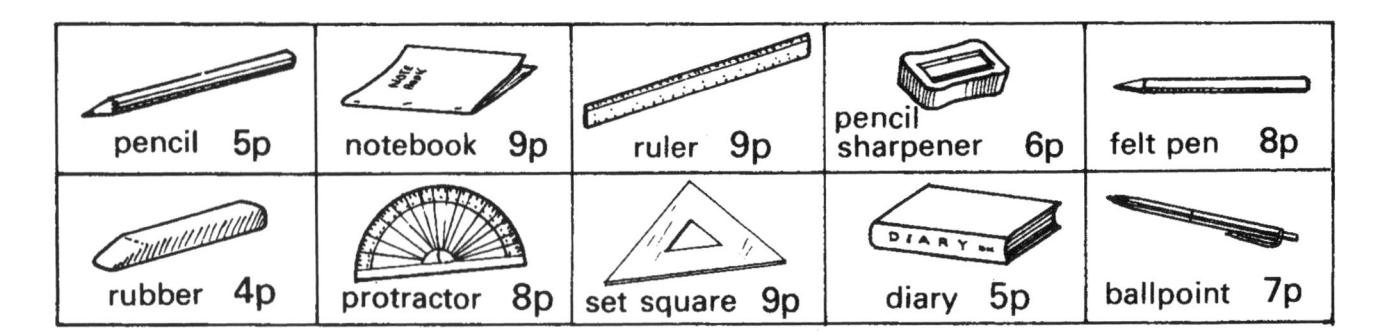

pencil 5p	notebook 9p	ruler 9p	pencil sharpener 6p	felt pen 8p
rubber 4p	protractor 8p	set square 9p	diary 5p	ballpoint 7p

Use coins to help you.

A How much change if I buy:

1. a notebook? 9p + ☐ p = 10p
2. a ballpoint? 7p + ☐ p = 10p
3. a protractor? 8p + ☐ p = 10p
4. a ruler? 9p + ☐ p = 10p
5. a pencil? 5p + ☐ p = 10p
6. a pencil sharpener? 6p + ☐ p = 10p
7. a felt pen? 8p + ☐ p = 10p
8. a set square? 9p + ☐ p = 10p
9. a diary? 5p + ☐ p = 10p
10. a rubber? 4p + ☐ p = 10p
11. a pencil and a rubber? 5p + 4p + ☐ p = 10p
12. a diary and a rubber? 5p + 4p + ☐ p = 10p

B Say which coins you receive in change each time.

How much?

How much money on each line?

1. (10p) (2p) (2p) (5p) (1p) = ☐ p
2. (2p) (1p) (1p) (1p) (5p) (10p) = ☐ p
3. (2p) (2p) (2p) (2p) (1p) (10p) = ☐ p
4. (5p) (5p) (5p) (2p) (2p) = ☐ p
5. (10p) (2p) (2p) (1p) (1p) = ☐ p
6. (5p) (1p) (1p) (10p) = ☐ p
7. (10p) (2p) (2p) (1p) = ☐ p
8. (5p) (10p) (1p) (1p) (1p) = ☐ p
9. (10p) (2p) (2p) (2p) (1p) = ☐ p
10. (5p) (2p) (2p) (2p) (2p) = ☐ p
11. (2p) (10p) (5p) (1p) = ☐ p
12. (10p) (2p) (1p) (1p) (1p) = ☐ p

Using 10p, 5p, 2p and 1p coins

A Use coins to make up these amounts of money using the least number of coins.

1 7p		**2** 3p		**3** 19p		**4** 13p	
5 10p		**6** 15p		**7** 9p		**8** 16p	
9 12p		**10** 18p		**11** 11p		**12** 8p	
13 6p		**14** 14p		**15** 17p		**16** 4p	

B Use coins to help you.

Write 3 coins which make these amounts.

1 11p   **2** 16p   **3** 12p   **4** 15p   **5** 17p   **6** 13p

Write 4 coins which make these amounts.

1 16p   **2** 15p   **3** 19p   **4** 14p   **5** 12p   **6** 18p

Write 5 coins which make these amounts.

1 19p   **2** 18p   **3** 15p   **4** 17p   **5** 14p   **6** 16p

C Make up each amount in 3 ways.

1 12p   **2** 7p   **3** 14p   **4** 11p   **5** 18p   **6** 9p
7 15p   **8** 10p   **9** 13p   **10** 17p   **11** 8p   **12** 16p

Values up to 20p

Each line should make 20p. Which coin is missing?

1. 20p = 5p 5p 2p 2p 1p = ☐ p
2. 20p = 10p 5p 2p 1p = ☐ p
3. 20p = 5p 2p 2p 2p 2p 5p = ☐ p
4. 20p = 2p 10p 2p 1p = ☐ p
5. 20p = 5p 2p 2p 2p 1p 2p 5p = ☐ p
6. 20p = 2p 1p 2p 2p 2p 1p = ☐ p
7. 20p = 5p 5p 5p = ☐ p
8. 20p = 1p 2p 1p 2p 2p 10p = ☐ p
9. 20p = 5p 2p 2p 2p 2p 2p = ☐ p
10. 20p = 1p 10p 1p 2p 5p = ☐ p
11. 20p = 10p 5p 1p 1p 1p 1p = ☐ p
12. 20p = 2p 2p 2p 2p 10p = ☐ p

49

Values up to 20p

Each line should make 20p.

A Use your coins to find the missing amount.

1. (10p)(5p)(2p) ? ☐p
2. (10p)(2p)(2p) ? ☐p
3. (10p)(5p)(2p)(2p) ? ☐p
4. (10p)(5p)(1p) ? ☐p
5. (5p)(5p)(5p)(1p) ? ☐p
6. (10p)(2p) ? ☐p
7. (10p)(1p) ? ☐p
8. (2p)(1p)(10p) ? ☐p
9. (10p)(2p)(2p)(1p) ? ☐p
10. (5p)(2p)(1p) ? ☐p
11. (2p)(2p)(2p)(2p) ? ☐p
12. (5p)(2p)(1p)(1p) ? ☐p

B Use coins to help you.

How much must be added to these amounts to make 20p?

| 1 | 15p | 2 | 12p | 3 | 16p | 4 | 17p | 5 | 13p | 6 | 4p | 7 | 11p |
| 8 | 19p | 9 | 14p | 10 | 10p | 11 | 7p | 12 | 9p | 13 | 18p | 14 | 6p |

Shopping with 15p

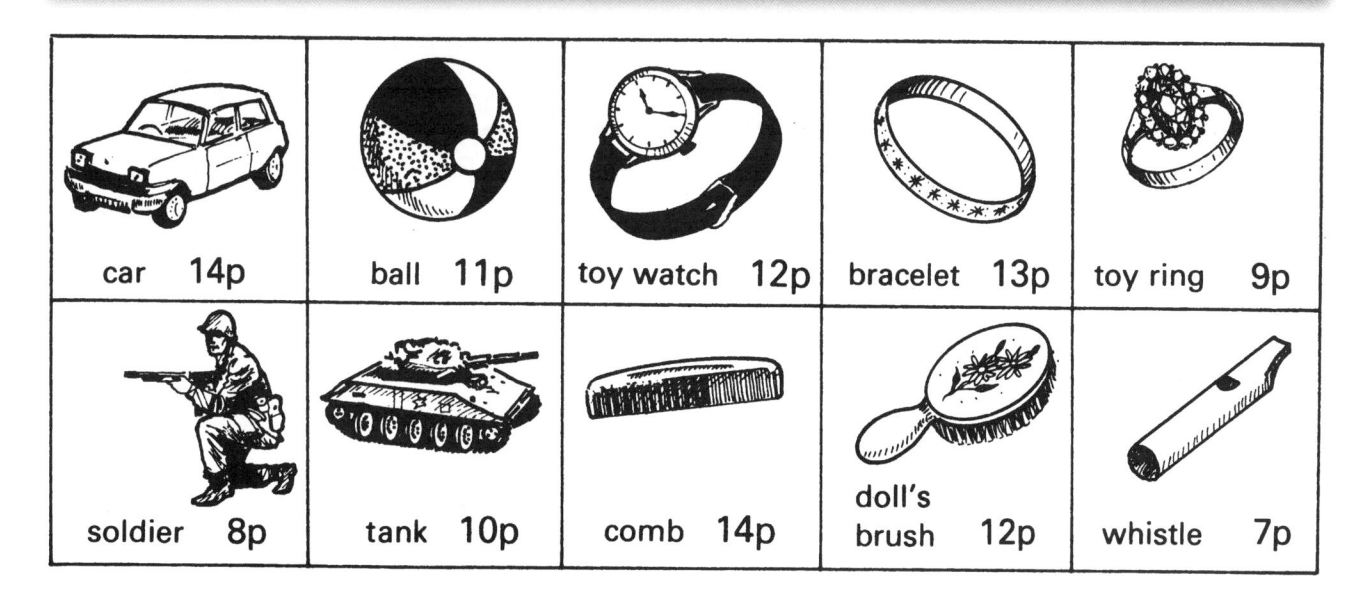

| car 14p | ball 11p | toy watch 12p | bracelet 13p | toy ring 9p |
| soldier 8p | tank 10p | comb 14p | doll's brush 12p | whistle 7p |

A Complete this table.

Use coins to help you.

bought	cost	change from 15p	coins given in change
soldier			
ball			
comb			
whistle			
doll's brush			
toy watch			
bracelet			
tank			
car			
toy ring			

B Draw the coins you would give if you gave the exact money for these.

1. tank
2. toy ring
3. bracelet
4. toy watch
5. doll's brush
6. ball
7. comb
8. whistle
9. soldier
10. car

Shopping with 20p

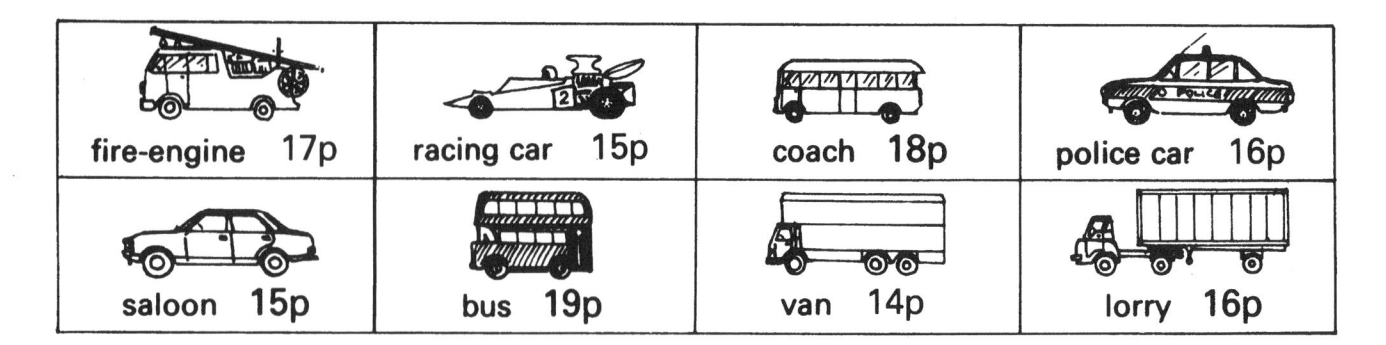

| fire-engine 17p | racing car 15p | coach 18p | police car 16p |
| saloon 15p | bus 19p | van 14p | lorry 16p |

A Complete the table. Use coins to help you.

bought	cost	change from 20p	coins given in change
van			
fire-engine			
police car			
lorry			
bus			
coach			
saloon			
racing car			

B Complete the table.

bought	coins used if the exact money was given
racing car	
police car	
van	
coach	
bus	
saloon	
lorry	
fire-engine	

Shopping with 15p

lion 7p | hyena 3p | camel 5p | giraffe 7p | elephant 7p
tiger 5p | zebra 6p | kangaroo 6p | monkey 4p | antelope 6p

A Complete this table.

Use coins to help you.

bought	cost	change from 15p
lion + tiger	7p + 5p = ☐ p	☐ p
camel + zebra		
giraffe + monkey		
elephant + antelope		
hyena + kangaroo		
elephant + tiger		
camel + kangaroo		
antelope + lion		
giraffe + zebra		
monkey + hyena		
lion + monkey		
tiger + antelope		
zebra + hyena		
elephant + kangaroo		
giraffe + camel		

B Write which coins you would receive in change if you bought:

1. a lion and a giraffe
2. a zebra and an antelope
3. a camel and a monkey
4. a hyena and an elephant
5. a tiger and a kangaroo

Shopping with 20p

parrot 8p | thrush 6p | duck 6p | kingfisher 7p | ostrich 9p
eagle 9p | sparrow 5p | owl 7p | emu 9p | hawk 8p

Complete the table.

Use coins to help you.

bought	cost	change from 20p
parrot + owl	8p + 7p = ☐ p	
hawk + eagle		
sparrow + duck		
kingfisher + emu		
ostrich + thrush		
kingfisher + owl		
parrot + duck		
thrush + hawk		
eagle + emu		
ostrich + sparrow		
emu + duck		
hawk + owl		
eagle + parrot		
thrush + sparrow		
kingfisher + ostrich		
duck + eagle		
hawk + parrot		
thrush + emu		
ostrich + owl		
sparrow + kingfisher		

The cake shop

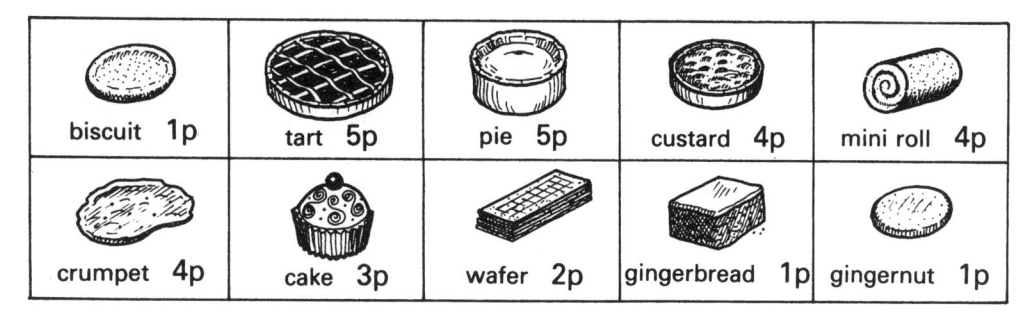

biscuit 1p	tart 5p	pie 5p	custard 4p	mini roll 4p
crumpet 4p	cake 3p	wafer 2p	gingerbread 1p	gingernut 1p

A Complete the table.

Use coins to help you.

bought	cost of one	total cost	change from 15p
2 tarts	5p	2(5p) = 10p	5p
3 custards			
2 mini rolls			
2 wafers			
2 crumpets			
3 cakes			
2 gingernuts			
4 biscuits			
5 gingerbreads			
3 pies			
3 mini rolls			
2 pies			
4 wafers			
7 biscuits			
9 gingernuts			
5 cakes			
2 custards			
3 crumpets			

B How many of each of these could you buy with 15p?

1 biscuits **2** tarts **3** pies

4 cakes **5** gingerbreads **6** gingernuts

The sweet shop

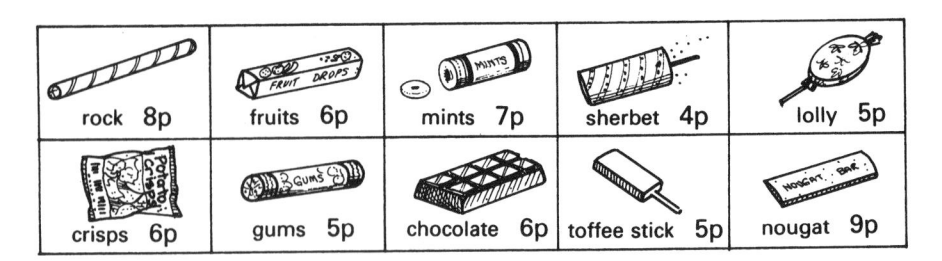

rock 8p | fruits 6p | mints 7p | sherbet 4p | lolly 5p
crisps 6p | gums 5p | chocolate 6p | toffee stick 5p | nougat 9p

A Complete the table.

Use coins to help you.

bought	cost of one	total cost	change from 20p
2 sticks of rock	8p	2(8p) = 16p	4p
3 tubes of fruits			
2 nougats			
2 tubes of gums			
3 bags of crisps			
3 lollies			
2 sherbets			
2 tubes of mints			
2 bars of chocolate			
3 toffee sticks			
2 tubes of fruits			
2 toffee sticks			
3 bars of chocolate			
4 tubes of gums			
2 lollies			
4 sherbets			
2 bags of crisps			
3 sherbets			
3 tubes of gums			
4 toffee sticks			
5 sherbets			
4 lollies			

Time – o'clock

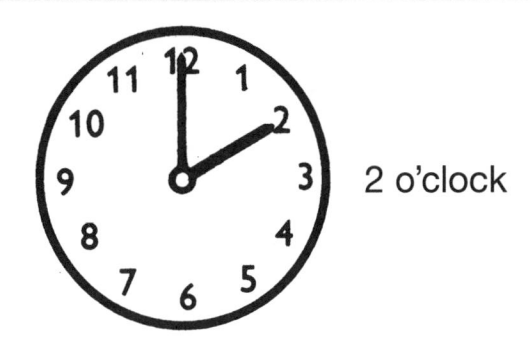

2 o'clock

A Write the times shown on these clocks.

☐ o'clock ☐ o'clock ☐ o'clock ☐ o'clock

☐ o'clock ☐ o'clock ☐ o'clock ☐ o'clock

☐ o'clock ☐ o'clock ☐ o'clock ☐ o'clock

B Draw clocks to show these times.

ten o'clock	eleven o'clock	two o'clock	eight o'clock
three o'clock	four o'clock	seven o'clock	one o'clock
twelve o'clock	nine o'clock	five o'clock	six o'clock

Time – half past

half past 3

½ past 3

A Write the times shown on these clocks.

half past ☐   half past ☐   half past ☐   half past ☐

half past ☐   half past ☐   half past ☐   half past ☐

half past ☐   half past ☐   half past ☐   half past ☐

B Draw clocks to show these times.

½ past twelve   ½ past four   ½ past seven   ½ past one
½ past three   ½ past nine   ½ past two   ½ past ten
½ past eight   ½ past six   ½ past eleven   ½ past five

Time – quarter past

quarter past 8
$\frac{1}{4}$ past 8

A Write the times shown on these clocks.

quarter past  ☐   quarter past  ☐   quarter past  ☐   quarter past ☐

quarter past  ☐   quarter past  ☐   quarter past  ☐   quarter past ☐

quarter past  ☐   quarter past  ☐   quarter past  ☐   quarter past ☐

B Draw clocks to show these times.

$\frac{1}{4}$ past five $\frac{1}{4}$ past eight $\frac{1}{4}$ past seven $\frac{1}{4}$ past one

$\frac{1}{4}$ past nine $\frac{1}{4}$ past two $\frac{1}{4}$ past twelve $\frac{1}{4}$ past six

$\frac{1}{4}$ past three $\frac{1}{4}$ past eleven $\frac{1}{4}$ past four $\frac{1}{4}$ past ten

Time – quarter to

quarter to 5
$\frac{1}{4}$ to 5

A Write the times shown on these clocks.

quarter to ☐   quarter to ☐   quarter to ☐   quarter to ☐

quarter to ☐   quarter to ☐   quarter to ☐   quarter to ☐

quarter to ☐   quarter to ☐   quarter to ☐   quarter to ☐

B Draw clocks to show these times.

$\frac{1}{4}$ to seven $\frac{1}{4}$ to six $\frac{1}{4}$ to eight $\frac{1}{4}$ to two
$\frac{1}{4}$ to three $\frac{1}{4}$ to one $\frac{1}{4}$ to twelve $\frac{1}{4}$ to ten
$\frac{1}{4}$ to eleven $\frac{1}{4}$ to five $\frac{1}{4}$ to nine $\frac{1}{4}$ to four

The calendar

DECEMBER						
Sunday	Monday	Tuesday	Wednesday	Thursday	Friday	Saturday
	1	2	3	4	5	6
7	8	9	10	11	12	13
14	15	16	17	18	19	20
21	22	23	24	25	26	27
28	29	30	31			

1. Write down the day of the week on which each of these dates fall.

   1st   18th   25th   12th   31st

   29th   6th   23rd   15th   10th

2. On what day is the first day of the month?
3. On what day is the last day of the month?
4. How many Saturdays in December?
5. Are there more Saturdays or Wednesdays in this month?
6. How many Mondays are in this month?
7. Give the dates of the Thursdays.
8. Give the dates of the Tuesdays.
9. How many days from Monday 1st to the next Monday?
10. How many days make a week?

Length

A

1 Which is the longer straw?

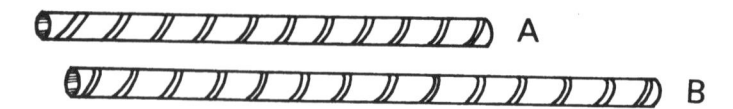

A

B

2 Which is the shorter crayon?

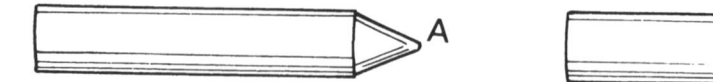

A

B

3 Which is the longest screw?

Which is the shortest screw?

A   B   C

4 Which is the shortest cane?

Which is the longest cane?

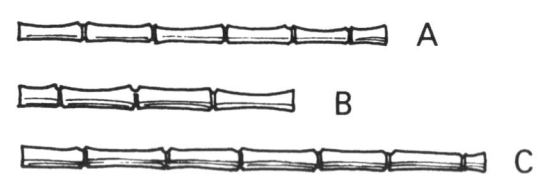

A

B

C

B Find the length of each object.

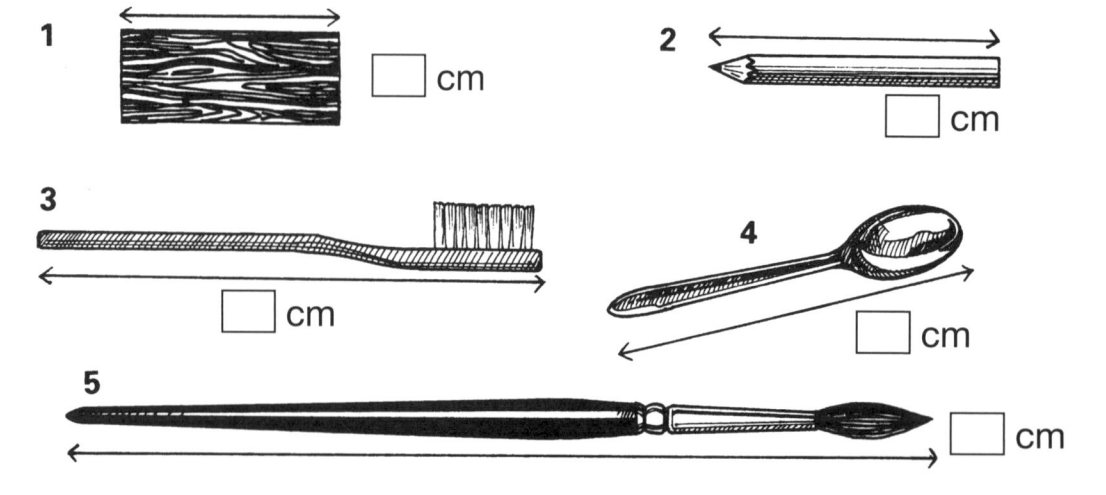

1 ☐ cm

2 ☐ cm

3 ☐ cm

4 ☐ cm

5 ☐ cm

Mass

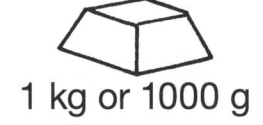

1 kg or 1000 g   ½ kg or 500 g   ¼ kg or 250 g

A Write the weight that is needed to make each scale balance.

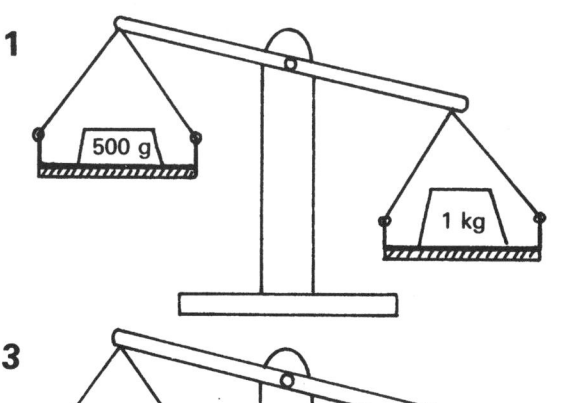

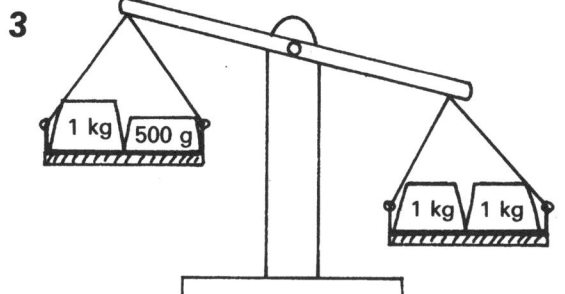

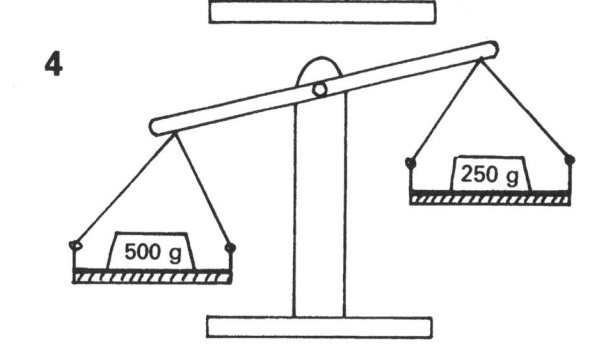

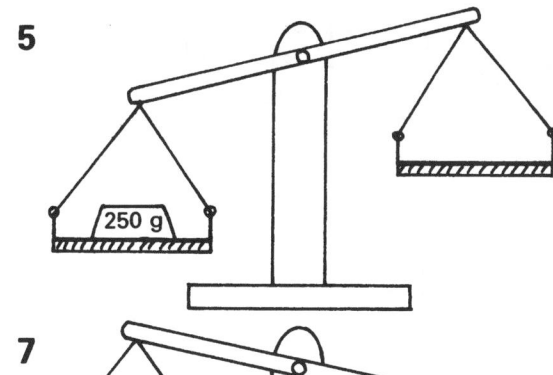

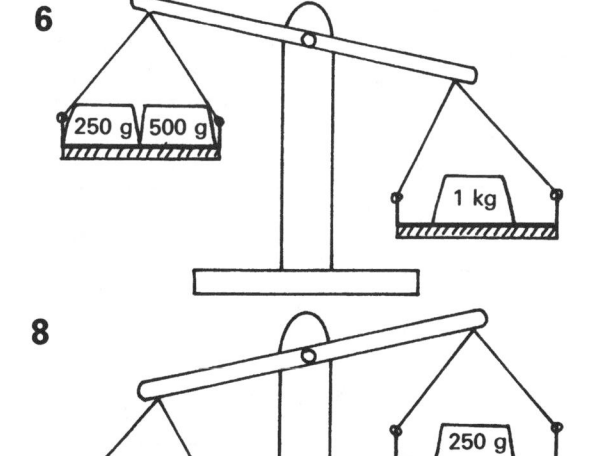

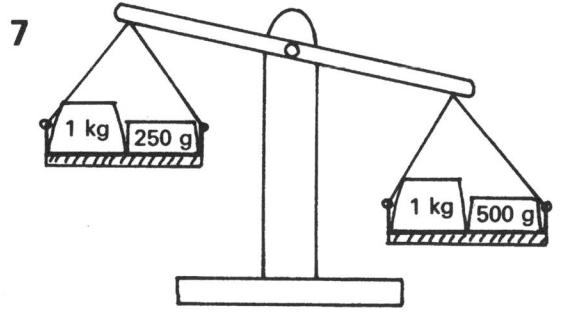

1. 500 g / 1 kg
2. 500 g / 1 kg, 500 g
3. 1 kg, 500 g / 1 kg, 1 kg
4. 250 g / 500 g
5. 250 g / (empty)
6. 250 g, 500 g / 1 kg
7. 1 kg, 250 g / 1 kg, 500 g
8. 500 g, 250 g / 250 g

B How many 500 g weights make:

2 kg?   3 kg?   4 kg?   5 kg?   10 kg?

How many 250 g weights make:

1 kg?   2 kg?   3 kg?   4 kg?   5 kg?

Graphs – pictograms

A

horses	🐴	🐴	🐴	🐴	🐴	🐴	🐴	
pigs	🐷	🐷	🐷	🐷	🐷			
sheep	🐑	🐑	🐑	🐑	🐑	🐑		
cows	🐄	🐄	🐄	🐄				

1. How many cows?
2. How many sheep?
3. How many horses?
4. How many pigs?
5. How many animals altogether?

B

apples	🍎	🍎	🍎	🍎	🍎	🍎	🍎	🍎	🍎		
pears	🍐	🍐	🍐	🍐	🍐						
cherries	🍒	🍒	🍒	🍒	🍒	🍒	🍒				
oranges	🍊	🍊	🍊	🍊	🍊	🍊					
grapes	🍇	🍇	🍇	🍇							

1. How many pears?
2. How many bunches of grapes?
3. How many bunches of cherries?
4. How many oranges?
5. How many apples?

Answers

Page 2 Addition
1 elephants 2 **2** fish 6 **3** mice 7 **4** hats 7 **5** boats 5 **6** apples 6
7 cats 8 **8** wigwams 3 **9** lollipops 10 **10** cars 4 **11** flowerpots 8
12 skittles 9 **13** bows 10 **14** straws 9 **15** caravans 5

Page 3 Addition
1 9 **2** 6 **3** 7 **4** 3 **5** 8 **6** 9 **7** 4 **8** 10 **9** 9 **10** 6 **11** 5 **12** 9 **13** 8 **14** 8 **15** 7

Page 4 Addition
1 2 **2** 10 **3** 5 **4** 9 **5** 10 **6** 3 **7** 10 **8** 8 **9** 10 **10** 7 **11** 6 **12** 8

Page 5 Addition
1 $6+2=8$ **2** $5+5=10$ **3** $6+4=10$; **4** $7+2=9$ **5** $5+4=9$ **6** $8+2=10$;
7 $3+3=6$ **8** $3+7=10$ **9** $4+4=8$; **10** $2+5=7$ **11** $3+4=7$ **12** $7+3=10$

Page 6 Number families
A $5+0=5$ $4+1=5$ $3+2=5$ $2+3=5$ $1+4=5$ $0+5=5$
B $6+0=6$ $5+1=6$ $4+2=6$ $3+3=6$ $2+4=6$ $1+5=6$ $0+6=6$
C $7+0=7$ $6+1=7$ $5+2=7$ $4+3=7$ $3+4=7$ $2+5=7$ $1+6=7$
$0+7=7$
D $8+0=8$ $7+1=8$ $6+2=8$ $5+3=8$ $4+4=8$ $3+5=8$ $2+6=8$
$1+7=8$ $0+8=8$

Page 7 Number families
A $9+0=9$ $8+1=9$ $7+2=9$ $6+3=9$ $5+4=9$ $4+5=9$ $3+6=9$
$2+7=9$ $1+8=9$ $0+9=9$
B $10+0=10$ $9+1=10$ $8+2=10$ $7+3=10$ $6+4=10$ $5+5=10$
$4+6=10$ $3+7=10$ $2+8=10$ $1+9=10$ $0+10=10$
C **1** 4 **2** 4 **3** 5; **4** 6 **5** 4 **6** 3; **7** 3 **8** 7 **9** 3; **10** 2 **11** 2 **12** 3;
13 5 **14** 4 **15** 6

Page 8 Subtraction
1 3 **2** 3 **3** 4; **4** 3 **5** 1 **6** 2; **7** 0 **8** 5 **9** 4; **10** 4 **11** 5 **12** 6;
13 7 **14** 6 **15** 5

Page 9 Subtraction
1 $9-4=5$ **2** $10-3=7$ **3** $7-2=5$; **4** $8-6=2$ **5** $4-3=1$ **6** $6-6=0$;
7 $5-4=1$ **8** $3-1=2$ **9** $2-1=1$; **10** $10-6=4$ **11** $9-5=4$ **12** $7-4=3$

Page 10 Subtraction
1 $7-3=4$ **2** $10-5=5$ **3** $9-3=6$; **4** $8-3=5$ **5** $4-2=2$ **6** $3-2=1$;
7 $8-2=6$ **8** $2-1=1$ **9** $9-2=7$; **10** $9-8=1$ **11** $5-3=2$ **12** $7-1=6$

Page 11 Addition – number lines
A 5, 9, 3, 10; 6, 8, 7, 4
B 6, 8, 10, 9; 7
C 4, 7, 9, 6; 3, 5, 8, 10
D 6, 9, 5, 10; 7, 4, 8
E 10, 5, 8, 7; 9, 6

Page 12 Subtraction – number lines
A 6, 0, 3, 1, 5;   2, 4
B 2, 5, 8, 1, 3;   7, 0, 4, 6
C 4, 1, 3, 0, 2
D 0, 2, 4, 1, 3; 5
E 2, 1, 3, 6, 0;   7, 5, 4
F 4, 6, 1, 7, 3;   9, 5, 0, 8, 2

Page 13 More and less than
A 9, 1, 8;   10, 5, 1;   9, 3, 5;   10, 3, 1;   8, 2, 4;   9, 5, 8;   9, 2, 4;   9, 4, 0; 10, 0, 7
B 8 > 1, 4 < 8, 5 > 4;   1 < 6, 1 = 1, 6 < 8;   3 < 5, 4 > 2, 3 < 6; 4 < 5, 3 < 9, 2 < 6;   2 < 9, 2 < 3, 1 < 3;   10 > 2, 9 > 7, 7 > 1; 3 < 9, 1 < 10, 9 > 7;   5 < 9, 8 > 5, 7 > 2;   9 > 8, 5 > 2, 3 < 7; 7 > 4, 6 < 10, 10 > 5;   6 > 4, 10 > 6, 2 > 1;   5 < 10, 8 > 3, 4 < 8
C Check your child's answers are correct.

Page 14 Using the equaliser
A 6 + **3** = 9   3 + 2 = **5**   5 + **5** = 10   5 + **2** = 7;
2 + 4 = 6   4 + **4** = 8   7 + 2 = **9**   7 + 2 = 9;
5 + 3 = **8**   8 + 1 = 9   **2** + 6 = 8   3 + **0** = 3;
2 + **2** = 4   8 + 2 = **10**   3 + **7** = 10   3 + 4 = **7**;
1 + 6 = 7   4 + 4 = **8**   3 + 3 = **6**   **0** + 8 = 8;
6 + 4 = **10**   1 + **4** = 5   2 + **4** = 6   8 + **2** = 10
B 6 + **3** = 4 + 5,   **3** + 1 = 2 + 2;   2 + 5 = **3** + 4,   5 + 5 = **6** + 4;
3 + 7 = 8 + **2**,   1 + **8** = 7 + 2;   4 + **4** = 5 + 3,   5 + 2 = **4** + 3;
2 + 3 = 1 + 4,   **8** + 2 = 1 + 9;   **5** + 1 = 3 + 3,   2 + 4 = 4 + **2**
C 4 + 2 + 2 = 5 + **3**,   1 + **3** + 1 = 3 + 2;   3 + 4 = 2 + 3 + **2**,   6 + 3 = 2 + 4 + **3**;
6 + 2 + 1 = 3 + 2 + 1 + **3**,   **4** + 2 = 1 + 1 + 4;   **5** + 2 + 1 = 6 + 2,   8 + 2 = 4 + **4** + 2;
4 + **4** + 2 = 7 + 3,   3 + 1 = 1 + 2 + **1**;   2 + 2 + 2 = 1 + **5**,   3 + 2 + 3 = 2 + **6**;
3 + 3 + **3** = 4 + 5,   7 + 2 + 1 = 5 + **5**;   6 + 0 = 3 + 1 + **2**,   **5** + 4 = 2 + 3 + 4;
1 + 4 = 2 + 1 + **2**,   2 + 5 = 3 + 3 + **1**;   6 + 1 + **0** = 3 + 4,   6 + 1 + **3** = 2 + 5 + 3

Page 15 Addition – number ladder
A 13, 20, 11, 15;   19, 14, 17, 16;   18, 12, 10
B 15, 20, 18, 14;   19, 16, 17, 13
C 19, 15, 17, 20;   13, 18, 14, 16
D 20, 15, 18, 17;   19, 13, 16, 14
E 20, 18, 19, 16;   17, 15, 13, 12
F 20, 13, 17, 19;   14, 12, 16, 18;   17, 11
G 16, 19, 11, 20;   13, 18, 15, 12;   14, 10, 17
H 20, 14, 18, 16;   15, 17, 12, 11;   19, 13
I 20, 9, 18, 11;   19, 16, 12, 15;   13, 17, 10

Page 16 Subtraction – number ladder
A 7, 14, 8, 15;   5, 9, 11, 13;   6, 10, 12
B 1, 9, 7, 3;   10, 11, 5, 6;   4, 8, 2
C 5, 12, 14, 7;   6, 13, 10, 8;   11, 4, 9
D 6, 13, 3, 11;   8, 9, 5, 10;   12, 7, 4
E 6, 13, 8, 14;   15, 10, 7, 12;   9, 16, 11
F 5, 9, 4, 2;   12, 10, 8, 6;   3, 11, 7
G 2, 5, 0, 10;   7, 3, 6, 9;   1, 8, 4
H 17, 7, 10, 14;   16, 9, 13, 15;   11, 8, 12

Page 17 Addition and subtraction – mapping
1 11, 15, 17, 20, 13, 12   **2** 9, 17, 8, 7, 12, 10   **3** 20, 18, 17, 19, 14, 15
4 15, 20, 13, 12, 11, 14   **5** 12, 7, 3, 2, 6, 5   **6** 9, 6, 8, 7, 4, 14

Page 18 The hundred square – tens
A 35, 44, 57, 32, 61, 70, 95, 47;   66, 88, 49, 38, 43, 69, 26, 52
B 31, 53, 19, 44, 78, 7, 42, 14;   26, 59, 65, 10, 4, 86, 71, 62
C 1 13, 23, 33, **43, 53, 63, 73, 83**, 93   **2** 45, **55, 65, 75, 85**, 95
3 7, 17, 27, 37, 47, 57, **67, 77, 87, 97**   **4** 12, **22, 32, 42**, 52, **62, 72, 82**, 92
5 8, **18**, 28, **38, 48, 58**, 68, **78, 88**, 98   **6** 36, 46, **56, 66, 76, 86**, 96
7 24, **34, 44, 54, 64, 74, 84**, 94   **8** 9, **19, 29, 39, 49, 59**, 69, **79, 89**, 99

Page 19 The abacus – tens and ones
A 2 6,   4 5,   1 4,   7 1,   5 8,   4 0;   5 2,   3 7,   9 7,   6 3,   8 3,   0 9
B Check your child's abaci reflect the numbers shown.
C 2, 7, 6, 4, 8, 3, 1, 5, 9

Page 20 More tens and ones
A 42, 51, 35, 67
B

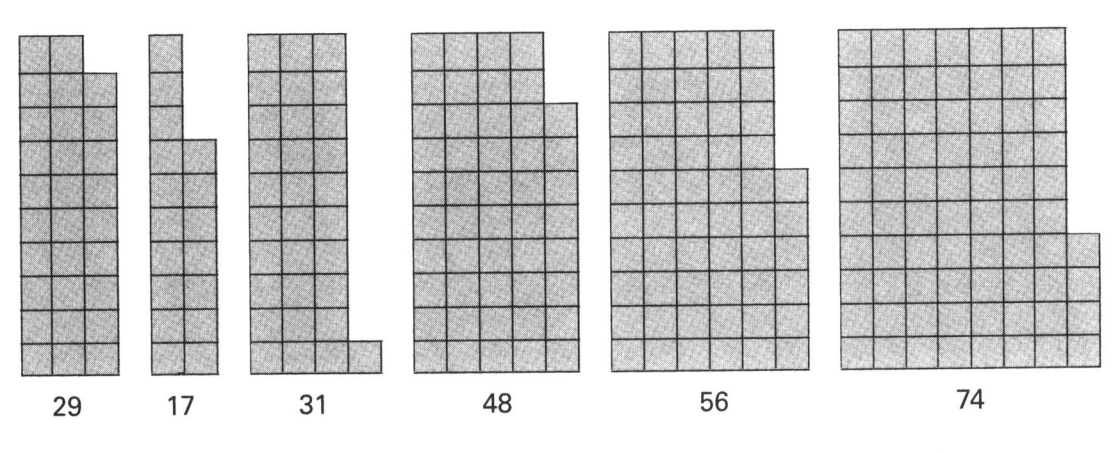

29   17   31   48   56   74

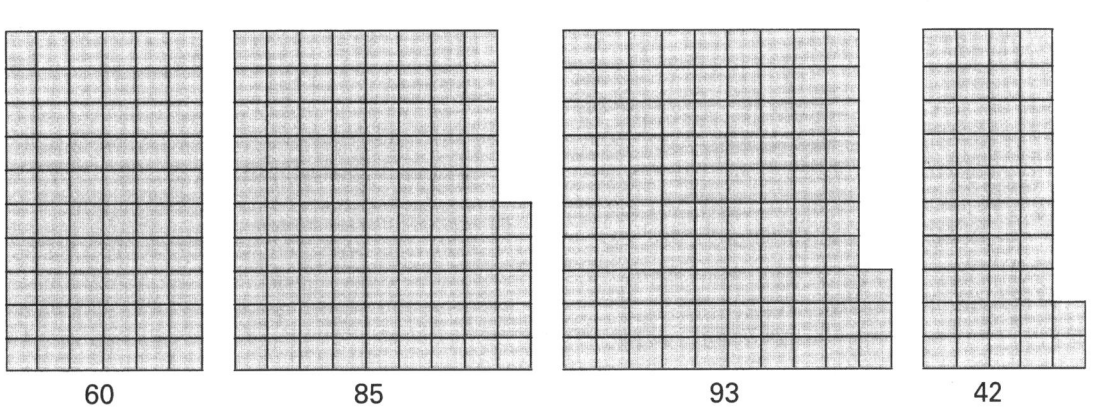

60   85   93   42

C 11 → 1 ten and 1 one, 67 → 6 tens and 7 ones, 33 → 3 tens and 3 ones,
26 → 2 tens and 6 ones, 42 → 4 tens and 2 ones, 38 → 3 tens and 8 ones,
55 → 5 tens and 5 ones, 64 → 6 tens and 4 ones;
79 → 7 tens and 9 ones, 68 → 6 tens and 8 ones, 92 → 9 tens and 2 ones,
60 → 6 tens and 0 ones, 54 → 5 tens and 4 ones, 23 → 2 tens and 3 ones,
15 → 1 ten and 5 ones, 36 → 3 tens and 6 ones;
87 → 8 tens and 7 ones, 72 → 7 tens and 2 ones, 50 → 5 tens and 0 ones,
41 → 4 tens and 1 one

Page 21 Addition and subtraction – tens and ones
A 47, 67, 89, 88;   39, 26, 69, 88;   29, 79, 99, 89;   59, 99, 77, 98;   18, 89, 98, 99
B 23, 44, 13, 22;   31, 62, 16, 13;   23, 32, 13, 21;   42, 22, 11, 12;   32, 32, 21, 23;
53, 21, 10, 14;   34, 15, 62, 1
C 9, 5, 7, 6, 1, 8;   4, 2, 3, 10

Page 22 Groups of two
A 2, 24, 14, 10, 22, 18;   12, 8, 20, 16, 4, 6
B 2, 4, 6, 8, 10, 12, 14, 16, 18, 20, 22, 24;
2, 4, 6, 8, 10, 12, 14, 16, 18, 20, 22, 24

Page 23 Groups of two
1 20 **2** 12 **3** 10 **4** 22 **5** 14 **6** 24 **7** 18 **8** 8 **9** 16 **10** 6 **11** 4

Page 24 Groups of three
A 6, 36, 21, 27, 18, 30, 15, 24, 9, 12, 33, 3
B 3, 6, 9, 12, 15, 18, 21, 24, 27, 30, 33, 36

Page 25 Groups of three
1 18 **2** 30 **3** 27 **4** 36 **5** 33 **6** 15 **7** 21 **8** 12 **9** 24 **10** 9 **11** 6

Page 26 Groups of four
A 8, 44, 28, 48, 24, 12, 40, 16, 36, 4, 20, 32
B 4, 8, 12, 16, 20, 24, 28, 32, 36, 40, 44, 48

Page 27 Groups of four
1 24 **2** 20 **3** 48 **4** 40 **5** 32 **6** 28 **7** 16 **8** 12 **9** 44 **10** 36 **11** 8

Page 28 Groups of five
A 20, 30, 50, 15, 45, 5, 60, 10, 35, 55, 40, 25
B 5, 10, 15, 20, 25, 30, 35, 40, 45, 50, 55, 60
5, 10, 15, 20, 25, 30, 35, 40, 45, 50, 55, 60

Page 29 Groups of five
1 60 **2** 20 **3** 35 **4** 55 **5** 25 **6** 50 **7** 30 **8** 45 **9** 15 **10** 40 **11** 10

Page 30 Groups of six
A 60, 30, 72, 6, 18, 66, 12, 36, 48, 24, 54, 42
B 6, 12, 18, 24, 30, 36, 42, 48, 54, 60, 66, 72

Page 31 Groups of six
1 36 **2** 18 **3** 72 **4** 12 **5** 60 **6** 42 **7** 30 **8** 54 **9** 24 **10** 66 **11** 48

Page 32 Dividing by two
A **1** 6 **2** 4 **3** 12 **4** 3 **5** 10 **6** 11 **7** 2 **8** 9 **9** 8 **10** 5 **11** 1 **12** 7
B 3, 1, 10;   8, 7, 6;   9, 12, 4;   5, 2, 11

Page 33 Dividing by three
A **1** 12 **2** 3 **3** 4 **4** 8 **5** 10 **6** 1 **7** 6 **8** 9 **9** 7 **10** 11 **11** 2 **12** 5
B 12, 3, 1;   11, 10, 6;   5, 9, 8;   4, 2, 7

Page 34 Dividing by four
A 1 9 **2** 4 **3** 2 **4** 12 **5** 6 **6** 8 **7** 5 **8** 7 **9** 10 **10** 11 **11** 3 **12** 1
B 1, 5, 6;   3, 9, 10;   7, 4, 12;   11, 2, 8

Page 35 Dividing by five
A 1 1 **2** 7 **3** 3 **4** 12 **5** 6 **6** 11 **7** 2 **8** 8 **9** 10 **10** 5 **11** 9 **12** 4
B 12, 6, 2;   3, 7, 8;   1, 11, 10;   9, 4, 5

Page 36 Dividing by six
A 1 3 **2** 8 **3** 5 **4** 7 **5** 11 **6** 10 **7** 9 **8** 1 **9** 6 **10** 4 **11** 12 **12** 2
B 11, 8, 5;   2, 1, 12;   9, 4, 3;   10, 7, 6

Page 37 Division with remainders
A 1 2 r 1, 5 r 3, 10 r 1, 9 r 2, 5 r 2, 3 r 3, 11 r 3, 7 r 1
2 11 r 1, 10, 8 r 1, 6 r 1, 3 r 1, 8, 9 r 1, 10 r 1
3 11 r 2, 9 r 1, 8 r 1, 5 r 2, 10 r 2, 7 r 1, 5 r 1, 6 r 2
4 11 r 4, 6 r 4, 3 r 3, 11 r 3, 4 r 1, 8 r 4, 7 r 4, 1 r 4
5 4 r 4, 10 r 3, 7 r 3, 5 r 2, 9 r 4, 2 r 5, 8 r 3, 11 r 5
B 1 11 r 1, 7 r 2, 5 r 3, 4 r 3, 3 r 5   **2** 7 r 0, 4 r 2, 3 r 2, 2 r 4, 2 r 2
3 10 r 1, 7 r 0, 5 r 1, 4 r 1, 3 r 3   **4** 9 r 1, 6 r 1, 4 r 3, 3 r 4, 3 r 1

Page 38 How much?
1 10p **2** 6p **3** 7p;   **4** 6p **5** 9p **6** 4p;   **7** 10p **8** 3p **9** 5p;   **10** 9p **11** 8p **12** 2p

Page 39 How much?
1 10p **2** 9p **3** 10p **4** 10p **5** 3p **6** 8p **7** 7p **8** 5p **9** 8p **10** 5p **11** 6p **12** 5p **13** 5p
14 9p **15** 9p **16** 10p **17** 10p **18** 9p **19** 7p **20** 7p **21** 4p **22** 8p **23** 8p **24** 4p

Page 40 How much?
1 8p **2** 13p **3** 10p **4** 11p **5** 18p **6** 16p **7** 18p **8** 17p **9** 7p **10** 15p **11** 15p **12** 20p
13 19p **14** 14p **15** 20p **16** 13p **17** 14p **18** 9p **19** 19p **20** 7p **21** 12p **22** 6p **23** 9p
24 15p

Page 41 Using 1p, 2p and 5p coins
A Check your child's answers total 16p, 20p, 18p and 19p.
B 1 2p, 2p **2** 5p, 2p **3** 5p, 1p **4** 2p, 1p **5** 5p, 5p
C 1 5p, 2p, 2p **2** 5p, 2p, 1p **3** 2p, 2p, 1p **4** 5p, 5p, 1p **5** 5p, 5p, 5p
D 1 4 × 5p **2** 5p, 5p, 5p, 1p **3** 2p, 2p, 2p, 1p **4** 5p, 5p, 2p, 1p **5** 5p, 5p, 2p, 2p;
6 5p, 2p, 2p, 1p **7** 5p, 5p, 5p, 2p **8** 4 × 2p **9** 5p, 5p, 1p, 1p **10** 5p, 2p, 1p, 1p
E 1 5p, 5p, 5p, 1p, 1p **2** 5p, 5p, 5p, 2p, 2p **3** 5p, 5p, 2p, 1p, 1p **4** 5p, 2p, 1p, 1p, 1p
5 5p, 5p, 5p, 2p, 1p

Page 42 Making 10p
A 1 2p **2** 1p **3** 1p **4** 5p **5** 2p **6** 2p **7** 5p **8** 2p **9** 1p **10** 5p
B 1 3p – 3 × 1p or 2p, 1p **2** 4p – 2p, 2p or 1p, 1p, 2p or 4 × 1p **3** 2p (or equivalent) **4** 1p;
5 4p – 2p, 2p (or equivalent) **6** 4p – 2p, 2p (or equivalent) **7** 3p – 3 × 1p, or 2p, 1p
8 4p – 2p, 2p (or equivalent)

Page 43 Shopping with 10p
1 5p **2** 7p **3** 7p **4** 2p **5** 5p **6** 7p **7** 4p **8** 3p **9** 8p **10** 4p **11** 5p **12** 4p **13** 6p **14** 6p
15 6p **16** 5p **17** 5p **18** 8p

Page 44 Addition to 10p
A **1** 9p **2** 7p **3** 10p **4** 9p **5** 8p **6** 7p **7** 9p **8** 8p
B **1** 6p **2** 7p **3** 9p **4** 3p **5** 5p **6** 6p **7** 4p **8** 9p

Page 45 Change from 5p
1 2p **2** 1p **3** 0p **4** 3p **5** 4p **6** 2p **7** 3p **8** 4p **9** 2p **10** 2p **11** 0p **12** 0p

Page 46 Change from 10p
A **1** 1p **2** 3p **3** 2p **4** 1p **5** 5p **6** 4p **7** 2p **8** 1p **9** 5p **10** 6p **11** 1p **12** 1p
B **1** 1p **2** 3 × 1p or 2p + 1p **3** 2p (or equivalent) **4** 1p **5** 5p (or equivalent)
6 2p + 2p (or equivalent) **7** 2p (or equivalent) **8** 1p **9** 5p (or equivalent)
10 3 × 2p (or equivalent) **11** 1p **12** 1p

Page 47 How much?
1 20p **2** 20p **3** 19p **4** 19p **5** 16p **6** 17p **7** 15p **8** 18p **9** 17p **10** 13p **11** 18p **12** 15p

Page 48 Using 10p, 5p, 2p and 1p coins
A **1** 5p, 2p **2** 2p, 1p **3** 10p, 5p, 2p, 2p **4** 10p, 2p, 1p;
5 10p **6** 10p, 5p **7** 5p, 2p, 2p **8** 10p, 5p, 1p;
9 10p, 2p **10** 10p, 5p, 2p, 1p **11** 10p, 1p **12** 5p, 2p, 1p;
13 5p, 1p **14** 10p, 2p, 2p **15** 10p, 5p, 2p **16** 2p, 2p
B **3 coins** **1** 5p, 5p, 1p **2** 10p, 5p, 1p **3** 10p, 1p, 1p **4** 5p, 5p, 5p **5** 10p, 5p, 2p
6 10p, 2p, 1p
4 coins **1** 10p, 2p, 2p, 2p **2** 10p, 2p, 2p, 1p **3** 10p, 5p, 2p, 2p **4** 10p, 2p, 1p, 1p
5 5p, 5p, 1p, 1p **6** 10p, 5p, 2p, 1p
5 coins **1** 10p, 5p, 1p, 1p, 2p **2** 10p, 5p, 1p, 1p, 1p **3** 10p, 2p, 1p, 1p, 1p
4 10p, 2p, 2p, 2p, 1p **5** 5p, 5p, 2p, 1p, 1p **6** 10p, 2p, 2p, 1p, 1p
C Check your child's answers total the correct amounts.

Page 49 Values up to 20p
1 5p **2** 2p **3** 2p **4** 5p **5** 1p **6** 10p **7** 5p **8** 2p **9** 5p **10** 1p **11** 1p **12** 2p

Page 50 Values up to 20p
A **1** 3p **2** 6p **3** 1p **4** 4p **5** 4p **6** 8p **7** 9p **8** 7p **9** 5p **10** 12p **11** 12p **12** 11p
B **1** 5p **2** 8p **3** 4p **4** 3p **5** 7p **6** 16p **7** 9p
8 1p **9** 6p **10** 10p **11** 13p **12** 11p **13** 2p **14** 14p

Page 51 Shopping with 15p
A **soldier** 8p; 7p; 5p, 2p **ball** 11p; 4p; 2p, 2p **comb** 14p; 1p; 1p
whistle 7p; 8p; 5p, 2p, 1p **doll's brush** 12p; 3p; 2p, 1p **toy watch** 12p; 3p; 2p, 1p
bracelet 13p; 2p; 2p **tank** 10p; 5p; 5p **car** 14p; 1p; 1p **toy ring** 9p; 6p; 5p, 1p
B Check that your child has drawn the correct coins, e.g.
1 10p **2** 5p, 2p, 2p **3** 10p, 2p, 1p **4** 10p, 2p **5** 10p, 2p **6** 10p, 1p **7** 10p, 2p, 2p
8 5p, 2p **9** 5p, 2p, 1p **10** 10p, 2p, 2p

Page 52 Shopping with 20p
A **van** 14p; 6p; 5p, 1p **fire-engine** 17p; 3p; 2p, 1p **police car** 16p; 4p; 2p, 2p
lorry 16p; 4p; 2p, 2p **bus** 19p; 1p; 1p **coach** 18p; 2p; 2p **saloon** 15p; 5p; 5p
racing car 15p; 5p; 5p
B **racing car** 10p, 5p **police car** 10p, 5p, 1p **van** 10p, 2p, 2p **coach** 10p, 5p, 2p, 1p
bus 10p, 5p, 2p, 2p **saloon** 10p, 5p **lorry** 10p, 5p, 1p **fire-engine** 10p, 5p, 2p

Page 53 Shopping with 15p
A 7p + 5p = 12p; 3p   5p + 6p = 11p; 4p   7p + 4p = 11p; 4p   7p + 6p = 13p; 2p
3p + 6p = 9p; 6p   7p + 5p = 12p; 3p   5p + 6p = 11p; 4p   6p + 7p = 13p; 2p
7p + 6p = 13p; 2p   4p + 3p = 7p; 8p   7p + 4p = 11p; 4p   5p + 6p = 11p; 4p
6p + 3p = 9p; 6p   7p + 6p = 13p; 2p   7p + 5p = 12p; 3p
B **1** 1p **2** 2p, 1p **3** 5p, 1p **4** 5p **5** 2p, 2p

Page 54 Shopping with 20p
8p + 7p = 15p; 5p   8p + 9p = 17p; 3p   5p + 6p = 11p; 9p   7p + 9p = 16p; 4p
9p + 6p = 15p; 5p   7p + 7p = 14p; 6p   8p + 6p = 14p; 6p   6p + 8p = 14p; 6p
9p + 9p = 18p; 2p   9p + 5p = 14p; 6p   9p + 6p = 15p; 5p   8p + 7p = 15p; 5p
9p + 8p = 17p; 3p   6p + 5p = 11p; 9p   7p + 9p = 16p; 4p   6p + 9p = 15p; 5p
8p + 8p = 16p; 4p   6p + 9p = 15p; 5p   9p + 7p = 16p; 4p   5p + 7p = 12p; 8p

Page 55 The cake shop
A 4p; 3 × 4p = 12p; 3p   4p; 2 × 4p = 8p; 7p   2p; 2 × 2p = 4p; 11p
4p; 2 × 4p = 8p; 7p   3p; 3 × 3p = 9p; 6p   1p; 2 × 1p = 2p; 13p   1p; 4 × 1p = 4p; 11p
1p; 5 × 1p = 5p; 10p   5p; 3 × 5p = 15p; 0   4p; 3 × 4p = 12p; 3p
5p; 2 × 5p = 10p; 5p   2p; 4 × 2p = 8p; 7p   1p; 7 × 1p = 7p; 8p   1p; 9 × 1p = 9p; 6p
3p; 5 × 3p = 15p; 0   4p; 2 × 4p = 8p; 7p   4p; 3 × 4p = 12p; 3p
B **1** 15 **2** 3 **3** 3;   **4** 5 **5** 15 **6** 15

Page 56 The sweet shop
6p; 3 × 6p = 18p; 2p   9p; 2 × 9p = 18p; 2p   5p; 2 × 5p = 10p; 10p
6p; 3 × 6p = 18p; 2p   5p; 3 × 5p = 15p; 5p   4p; 2 × 4p = 8p; 12p
7p; 2 × 7p = 14p; 6p   6p; 2 × 6p = 12p; 8p   5p; 3 × 5p = 15p; 5p
6p; 2 × 6p = 12p; 8p   5p; 2 × 5p = 10p; 10p   6p; 3 × 6p = 18p; 2p
5p; 4 × 5p = 20p; 0   5p; 2 × 5p = 10p; 10p   4p; 4 × 4p = 16p; 4p
6p; 2 × 6p = 12p; 8p   4p; 3 × 4p = 12p; 8p   5p; 3 × 5p = 15p; 5p
5p; 4 × 5p = 20p; 0   4p; 5 × 4p = 20p; 0   5p; 4 × 5p = 20p; 0

Page 57 Time – o'clock
A 3, 7, 4, 12;   1, 8, 10, 6;   5, 9, 11, 2
B Check that your child has drawn the correct times.

Page 58 Time – half past
A 6, 1, 8, 9;   2, 7, 12, 4;   5, 11, 3, 10
B Check that your child has drawn the correct times.

Page 59 Time – quarter past
A 4, 11, 7, 10;   9, 2, 8, 5;   3, 6, 12, 1
B Check that your child has correctly drawn the stated times.

Page 60 Time – quarter to
A 1, 8, 9, 5;   7, 11, 4, 10;   2, 3, 12, 6
B Check that your child has correctly drawn the stated times.

Page 61 The calendar
1 Monday, Thursday, Thursday, Friday, Wednesday;
Monday, Saturday, Tuesday, Monday, Wednesday
2 Monday
3 Wednesday
4 4
5 Wednesdays
6 5
7 4th, 11th, 18th, 25th
8 2nd, 9th, 16th, 23rd, 30th
9 7
10 7

Page 62 Length
A 1 B **2** B **3** longest B, shortest C **4** shortest B, longest C
B 1 3cm **2** 4cm **3** 7cm **4** 5cm **5** 12cm

Page 63 Mass
A 1 500 g **2** 1 kg **3** 500 g **4** 250 g **5** 250 g **6** 250 g **7** 250 g **8** 500 g
B 4, 6, 8, 10, 20;   4, 8, 12, 16, 20

Page 64 Graphs – pictograms
A 1 4 **2** 6 **3** 7 **4** 5 **5** 22
B 1 5 **2** 4 **3** 7 **4** 6 **5** 9

Published by Collins
An imprint of HarperCollins*Publishers* Ltd
1 London Bridge Stret
London
SE1 9GF

Browse the complete Collins catalogue at
collins.co.uk

First published in 1978
This edition first published in 2012

© Derek Newton and David Smith 2012

10 9 8

ISBN 978-0-00-750547-0

The authors assert their moral right to be identified as the authors of this work.

All rights reserved. No part of this publication may be reproduced, stored in a retrieval system, or transmitted in any form or by any means, electronic, mechanical, photocopying, recording or otherwise, without the prior permission of the Publisher or a licence permitting restricted copying in the United Kingdom issued by the Copyright Licensing Agency Ltd., 90 Tottenham Court Road, London, WIT 4LP.

British Library Cataloguing in Publication Data.
A catalogue record for this publication is available from the British Library.

Project managed by Katie Galloway
Production by Rebecca Evans
Page layout by Exemplarr Worldwide Ltd
Illustrated by A. Rodger
Printed in India by Multivista Global Pvt. Ltd.,

MIX
Paper from responsible source
FSC C007454

This book is produced from independently certified FSC™ paper to ensure responsible forest management.

For more information visit:
www.harpercollins.co.uk/green